日本海・竹島のアシカ猟

-1934（昭和９）年の取材記録と『中渡瀬アルバム』-

井上貴央
佐藤仁志

目次

注1）アルバム写真のタイトルの「東島にて」は「西島にて」の誤り。

はじめに

日本海に浮かぶ島根県竹島は、江戸時代からアシカの生息地として知られていました。米子の大谷・村川家は、幕府から鬱陵島（当時は竹島と呼ばれていた）への渡海の許可を得て島に渡り、アワビを採取し、アシカを捕獲し、樹木の伐採をしていました。その途中にある竹島（当時は松島と呼ばれていた）でもアシカ猟を行っていたことが知られています。猟の目的はアシカの皮や油を得るためで、油は灯明油などに用いられました。

1849（嘉永2）年にフランスの捕鯨船 Liancourt（リアンクール）号が竹島を Liancourt Rocks（リアンクール岩）と命名し、その名前が地図にも載ったことから、竹島はリヤンコ島やランコなどと呼ばれるようになったとされています。

「りゃんこ島領土編入並ニ貸下願」を内務・外務・農商務の三大臣に提出した中井養三郎氏は、1905（明治38）年6月3日に竹島漁猟合資会社を仲間とともに設立し、島根県の許可のもとでアシカ猟を行いました。中井はアシカの減少を防止する保護策を考えていましたが、大量に捕獲された結果、竹島でのアシカの数は急激に少なくなっていきました。

1934（昭和9）年6月9日から22日にかけて、大阪朝日新聞の松浦直治記者・長谷川義一写真部員が、大阪市立動物園の寺内信三獣医と神戸の中田忠一動物商とともにアシカ猟の取材とアシカの入手のために竹島に出かけました。その取材記録は同年6月28日から11回にわたり「日本海のアシカ狩」という連載記事にまとめられています。

1992（平成4）年に鳥取県米子市の民家から、1940（昭和15）年に竹島で撮影されたニホンアシカの8 mm フィルムが発見されたことがきっかけとなり、島根県立三瓶自然館で、特別展「今よみがえる悲劇の海獣 ニホンアシカ展」が開催されました（1992年7月23日～8月6日）。

これがきっかけとなり、私たちはニホンアシカの資料収集や研究を本格的に行うようになりました。国内ではこれまで残っていないとされていたニホンアシカの剥製を次々に発見しました。この中には、1905（明治38）年8月に松永武吉島根県知事（当時）が竹島を視察した際に持ち帰った3頭の幼獣アシカの剥製や、1934（昭和9）年に竹島で捕獲された世界最大級のニホンアシカ（通称：リヤンコウ大王）の剥製が含まれています。これらの剥製は経年変化による傷みが激しかったため、剥製製作会社で修復し後世に伝えるようにいたしました。

島根県の隠岐諸島でもニホンアシカの記録が残っていました。私たちはニホンアシカに関する聞き取り調査を実施するとともに、その証言に基づいて西ノ島町の三度地区で発掘調査を行いました。その結果、明治～大正年間のアシカ猟で捕獲されたオスとメスのニホンアシカの成獣の骨や幼獣の骨を得ることができ、当地での繁殖が確認できました。

このような活動の中、1992年10月13日に西郷町（現：隠岐の島町）の中渡瀬宅を訪れた時、中渡瀬ナツさん（アシカ猟の頭領であった中渡瀬仁助の子の嫁）から一冊の古いアルバムを見せられました。そこには1934年の大阪朝日新聞の竹島取材に関する写真が貼られていたものですから大変驚きました。ナツさんは「自分も歳をとったので、自分の代でアルバムを処分したいと思い、トンド焼きに出そうと思った」と話されたので、その大切さを説明して譲り受けました。以来、私たちは『中渡瀬アルバム』と呼んで、様々なところで利用・発表してきました。

このアルバムは、撮影者の長谷川氏が取材記念として頭領の中渡瀬氏に贈ったものでした。そこに収録されている写真は、当時の竹島の自然やアシカ猟の様子を見事に伝えています。これらの写真は複写され、1970（昭和45）年6月に開館した隠岐郷土館（五箇村、現：隠岐の島町）や、1985（昭和60）年6月に開設された隠岐海洋自然館（西郷町）などで展示されていました。しかし、写真の由来について十分な説明がなかったため、撮影年代や撮影者に関する誤った情報が、勝手な解釈と共に国内外に拡散していきました。

このたび、長年にわたって検討を重ねてきた大阪朝日新聞の竹島取材記事や『中渡瀬アルバム』の写真に関する研究成果を取りまとめて公表することにいたしました。本書を通して、わが国の固有の領土である竹島とそこに生息していたニホンアシカに思いを巡らせていただければ幸いです。

2025年2月吉日

井上貴央
佐藤仁志

編集にあたって

Ⅰ竹島取材の新聞・週刊誌記事について

1934（昭和 9）年 6 月 9 日から 22 日にかけて、大阪朝日新聞の松浦直治記者・長谷川義一写真部員らが大阪市立動物園の寺内信三獣医と神戸の中田忠一動物商とともに竹島に出かけました。島で行われていたアシカ猟を取材するとともに、アシカを生け捕りにして動物園などに供給するためでした。

取材の成果は「日本海のアシカ狩」という連載記事にまとめられていますが、その前後の新聞記事にも、出発・帰港、大阪市立動物園での「リヤンコウ展」、リヤンコウ大王と呼ばれたアシカの剝製など様々な情報が含まれています。

連載記事は竹島の様子やアシカ猟の様子を生々しく伝えており、当時の竹島の自然環境やニホンアシカの生態、アシカ猟の様子を知る上で貴重な記録です。しかしながら、新聞の活字が潰れていたり、記事が旧字体・旧文体で書かれているため読みにくいものでした。さらに、教養豊かな松浦記者の文筆は、現在の私たちには理解しがたいところも多々ありました。

2022(令和 4)年 3 月 19 日に日本動物学会第 92 回米子大会が開催された折、著者の一人の井上はニホンアシカの市民公開イベント公開講演会の依頼を受けました。これを機会にそれまで解読してきた連載記事をはじめ、関連新聞記事に解説を加えて冊子にまとめ、配布資料といたしました[1]。

本書では、その配布資料に加筆・訂正して再収録いたしました。できるだけ原文の雰囲気を残しつつ、現代文にアレンジして読みやすくしてあります。

当時の天気図などを基にして、記事を精査してみると、日にちや内容に疑義のあるものもありました。記事をインパクトあるものにしようとしたのかも分かりません。これらについては注釈として示し、その一部はⅡ章でも解説しています。

Ⅱ『中渡瀬アルバム』の写真と解説について

『中渡瀬アルバム』の写真は劣化が進んでおり、写真の表面には多数の傷やカビ、感光剤が変化したような物質が付着していました。今回、写真を収載するにあたり、画像をデジタル化して、修復作業を行いました。

写真の解説では、これまで入手した竹島のさまざまな映像や新聞の記述を参考にして、撮影地点と撮影方向を特定し、【撮影地点と撮影方向】の図に黒丸と矢印で示しました。矢印の両側にある線は撮影範囲を示しています。

また、写真の一部で画像処理を行った結果、新しい発見があり、竹島での猟師の生活の様子などがさらに明らかになりました。

写真の解説にあたっては、連載記事はもちろんのこと、当時の天気図や月齢などを参考にして、写真の情景を解説し、記事の疑義についても記しました。

Ⅲ長谷川義一写真部員撮影の竹島写真（『中渡瀬アルバム』以外）について

『中渡瀬アルバム』の写真は、新聞連載記事などに使われなかったものもあります。また逆に、連載記事の写真にはアルバムにない写真もあります。『中渡瀬アルバム』の写真点数には及びませんが、朝日新聞社には長谷川氏が撮影した写真が残っています。本書では長谷川写真部員が撮影した竹島の映像を可能な限り収載し、当時の竹島の姿に迫りました。

Ⅳ登場人物と背景について

連載記事や『中渡瀬アルバム』に登場する人物について、これまでに判明している範囲内で、人物の経歴、竹島のアシカ猟の利権、大阪市立動物園と大阪朝日新聞社が竹島に出向いた理由などについて記しました。また、中渡瀬仁助頭領が語ったアシカ猟関係の資料を収載しました。資料として用いた新聞や文献は現代文に書き改めています。

Ⅴその他

図の番号は、検索しやすいように掲載ページの数字と一致させています。同一ページの図は枝番号をつけて図○○．○というように表示しました。また、本文の敬称は省略しました。

竹島の別名はリャンコ島と呼ばれることが多いですが、当時の大阪朝日新聞の記事やアルバムの記述に従い、「リヤンコウ島」に統一しました。

［注］

1）井上貴央（2022）『大阪朝日新聞社・大阪動物園の昭和九年竹島渡航に関する新聞記事拾集録—付 竹島アシカ猟 写真の真実—』日本動物学会第 92 回米子大会公開講演会配布冊子。

Ⅰ　竹島取材の新聞・週刊誌記事

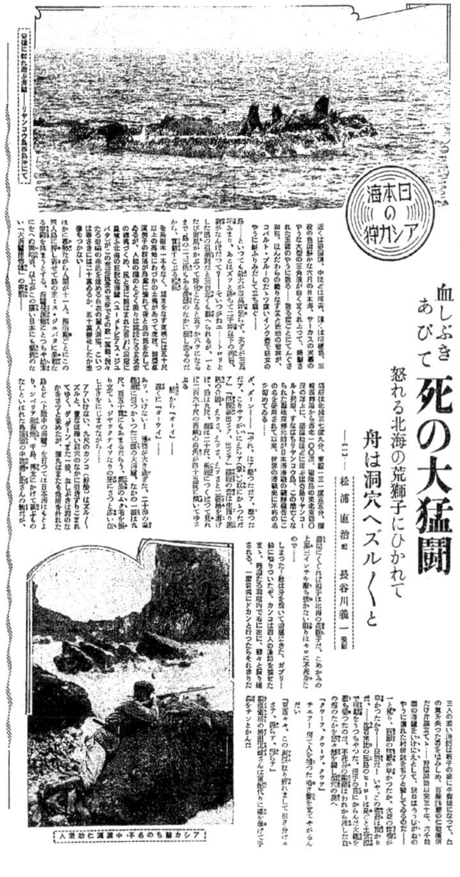
日本海の沖のアシカ

血しぶきあびて 死の大猛闘

怒れる北海の荒獅子にひかれて

舟は洞穴へズルズルと

—（一）—　松浦直治記　長谷川義一撮影

アシカ猟取材日程と関連事項

昭和9年の大阪朝日新聞・大阪市立動物園の竹島取材は、連載記事やその前後の新聞記事の内容からおおよその日程を知ることができる。今回、当時の天気図や関連資料を精査し、より詳細な日程を明らかにすることができた。

新しい資料の発見などにより、今後修正が必要になるかもしれないが、現時点で判明した日程をまとめておく。

1934（昭和9）年

6月4日

大阪朝日新聞社の松浦直治記者と長谷川義一写真部員、大阪市立動物園の寺内信三獣医の3名が大阪を出発。境港経由で隠岐の西郷へ。

6月5日

西郷着。

海路の日和待ちのため4泊。高梨旅館に宿泊し、飯ノ山横穴墓などを見学か。

6月9日

午後4時に発動機船第1神福丸（12トン）で西郷を出航し、久見を見ながら竹島へ。船長は吉田重太郎。その息子の清次や神戸の中田忠一動物商も乗組む。

6月10日（竹島上陸1日目）

午前4時半、ウバザメ、イトマキエイに遭遇。

午前8時、竹島の島影を発見。久見から12時間で竹島に到着。

テントを設営後、朝日新聞社の手ぬぐいをかぶって、全員で記念撮影。

沖の島に出向き、リヤンコウ大王と50頭近い雌アシカを見る。

西島北側の産室の浜に昼網を仕掛け、雌アシカ1頭を捕獲。

夜には西島北東付近で夜網を実施。一網に4頭のアシカがかかったときにはカンコが引っ張られていき、岩礁に衝突しそうになる。

6月11日（竹島上陸2日目）

東島の洞窟天井穴で魚釣り。

6月12日（竹島上陸3日目）

アシカ13頭を檻に詰めて、中田動物商が竹島を出発。境港に上陸後、貨車に積み込んで大阪へ向かう。

6月13日（竹島上陸4日目）

6月14日（竹島上陸5日目）

風強く波高く、出猟できなかった（天気図からの推定）。

6月15日（竹島上陸6日目）

午前3時に大阪梅田貨物駅に到着。午前5時すぎにトラックに積み込み、5頭は大阪市立動物園へ、8頭は阪神パークへ搬送。貨車での輸送中に1頭、動物園到着後に1頭が出産。

竹島付近の海上は大しけとなる。

6月16日（竹島上陸7日目）

強風で羽を傷めた大きなアオサギが舞い降りる。

風弱く、海上滑らか（天気図からの推定）。

沖の島に上陸し、プールを実見。また、西島の洞窟前で幼獣の群れに出会う。

6月17日（竹島上陸8日目）

6月19日（竹島上陸10日目）

夕刻から低気圧が接近。

6月20日（竹島上陸11日目）

潮位が上がり、カンコやアシカの檻が流されそうになる。嵐のなか、猟師小屋で将棋。午後11時40分、テントの真上で崖崩れが発生し、全員が猟師小屋に避難。

6月21日（竹島上陸12日目）

朝方に嵐は収まる。崩れた岩にまみれながらもテントは無事。

夜は星空で、座談会が開催され、その後にリヤンコウ舞を見学。

6月22日（竹島上陸13日目）

昼に竹島を出航と推定。

寺内獣医、長谷川写真部員、松浦記者が西郷に帰着。

6月28日

「日本海のアシカ狩」の連載が始まる。1回～11回（7月8日）まで。

7月6日

「日本海の海驢狩講演会」が大阪市北区中之島の朝日会館にて開催。

7月9日

隠岐での調査・取材の様子が、「隠岐の濤声」として4回連載（9、10、11、16日）。

7月22日

『週刊朝日』7月22日号（第26巻4号）20～21ページ。「日本海のアシカ王国」で、長谷川写真部員撮影の写真が掲載。

7月下旬

リヤンコウ大王を捕獲。剥製が作製され8月初頭には完成。

8月5日

大阪市立動物園の標本館で「リヤンコウ島納涼展」が開催。

彫塑家岩田千虎製作の竹島の大型塑像の周囲に池を設け、竹島から連れ帰ったウミネコの群れを飛翔させる。リヤンコウ大王の剥製のほかに、アシカ、オットセイ、アザラシの剥製も展示。8月20日まで。

8月8日

『アサヒグラフ』に「日本海上に浮ぶ　物語と詩の島・隠岐」が掲載。

8月21日

鯨類研究者の小川鼎三博士が大阪市立動物園を訪問し、竹島のアシカを見学。

竹島に向けてアシカ猟取材に出発　大阪朝日新聞　1934（昭和9）年6月15日・連載記事掲載予告　大阪朝日新聞　同年6月27日

夏の本紙を飾る

壯烈・海の爭鬪篇

龍宮の壯觀を思はす魚壘

絶海の無人島に〃アシカ狩り〃

長谷川寫眞部員　寺内技手　松浦記者

怒濤暴れ狂ふ日本海の孤島に赤銅色の海の子が生命を投出しての海驢狩り――近く本紙上に〃涼味以上〃のこの新讀物を連載します

島根縣穩地郡の孤島リヤンコウ群島、隱岐の北端久見港からさらに東北へ約一〇〇哩、日本海の眞ッ只中の無人島です、島は大きなのは五、六萬坪、小さなものは二、三百坪で

海圖に

さへも記載洩れの多い島といふよりはむしろ岩礁に近い小島が約三百飛石づたひに點在してゐます

こゝはすなはち北氷洋の海驢と海豹、膃肭獸の南限繁殖地であつて、五月北海の氷山が溶けるころを待つて寒流に乘つた萬餘の海驢群がこゝに押し寄せてきて、孤島の岩礁が日本海の波と風に蝕ばまれて出來た千餘の洞穴の中で繁殖するのです

一群の酋長は二百五十貫、一丈にも餘り約三十頭の牝を從へて游弋してゐるし、このほかにも夥しい海猫（鷗の一種）の大群

龍宮の

壯觀を思はせる魚壘（魚が一ケ所に重なり合つてさながら織物のやうな奇觀を呈してゐる入江）などあり、洞穴内の海驢を追ひ出して特殊の網による生捕りの光景は壯烈なる海の爭鬪篇です、こゝの狩獵は明治三十年初頭から始められたが歐洲大戰中濫獲のため激減したので爾來休獵を續け、昨年久しぶりに再開したところ果して以前に優る豐漁でした、本社記者松浦直治、寫眞班長谷川義一兩氏は大阪動物園技手寺内信三氏とゝもに去る四日大阪發、境港より發動機船による冒險突破に成功し約二週間人跡未到の絶海の無人島に全くの原始生活をつゞけてゐます、一行の歸阪とゝもに掲載される銷夏第一の雄篇をお待ち下さい

昭和9年6月15日

日本海のアシカ狩（リヤンコウ島）

特派員（記事　松浦直治　寫眞　長谷川義一）

明日の紙上より連載

昭和9年6月27日

夏の本紙を飾る

壮烈・海の争闘編

龍宮の壮観を思わす魚塁

絶海の無人島に「アシカ狩り」

怒濤暴れ狂う日本海の孤島に赤銅色の海の子が命を投げ出しての海驢《アシカ》狩り。

―近く本紙上に「涼味以上」のこの新読物を連載します。

島根県穏地郡の孤島リヤンコウ群島、隠岐の北端久見港からさらに東北へ約一〇〇マイル。日本海の真ッ只中の無人島です。島は大きなのは五、六万坪、小さなものは二、三百坪で、海図にさえも記載漏れの多い島というよりはむしろ岩礁に近い小島が約三百、飛石づたいに点在しています。

ここはすなわち北氷洋の海驢と海豹《アザラシ》、膃肭臍《オットセイ》の南限繁殖地（注1）であって、五月北海の氷山が溶けるころを待って寒流に乗った万余の海驢群がここに押し寄せてきて（注2）、孤島の岩礁が日本海の波と風に蝕ばまれて出来た千余の洞穴（注3）の中で繁殖するのです。

一群の酋長は二百五十貫、一丈にも余り約三十頭の牝を従えて游弋《ゆうよく》しているし、このほかにも夥《おびただ》しい海猫（鷗《かもめ》の一種）の大群、龍宮の壮観を思わせる魚塁《ぎょるい》（魚が一ヶ所に重なり合ってさながら織物のような奇観を呈している入江）などあり、洞穴内の海驢を追い出して特殊の網による生捕りの光景は壮烈なる海の争闘編です。

ここの狩猟は明治三十年初頭から始められたが欧州大戦（注4）中、乱獲のため激減したので、爾来休猟を続け昨年久しぶりに再開したところ、果して以前にも優る豊漁でした（注5）。

本社記者松浦直治、写真班長谷川義一両氏は大阪動物園技手寺内信三氏とともに、去る四日大阪発、境港より発動機船（注6）による冒険突破に成功し約二週間人跡未到の絶海の無人島に全くの原始生活をつづけています。一行の帰阪とともに掲載される銷夏《しょうか》第一の雄編《ゆうへん》をお待ち下さい。

写真説明

右から、長谷川写真部員、寺内技手、松浦記者。

（注1）海驢の繁殖地ではあるが、海豹や膃肭臍の繁殖地ではない。

（注2）寒流に乗って押し寄せることはない。

（注3）洞窟の数が千余というのはいささかオーバーであろう。大きさや定義にもよるが、実数は百にも達しないのではないだろうか。

日本海の

アシカ狩（リヤンコウ島）

特派員　記事　松浦直治

写真　長谷川義一

明日の紙上より連載

（注4）第一次世界大戦（一九一四〜一九一八）。

（注5）第一次世界大戦の間に乱獲のためアシカが激減したのかどうか、アシカ保護のための休猟期間があったのかどうか、アシカ猟が昭和8年に再開されたのかどうかは、今後の詳細な検討を要する。

（注6）当時、隠岐汽船（株）が境港より隠岐まで夜行の定期船を運航していた。記事では境港から発動機船を利用したようになっているが、定期船で西郷に渡った可能性が高い。

無人島の荒磯に
命懸けの十日間
海驢狩り決行の本社記者ら
きのふ元氣で西郷に歸る

昭和9年6月24日

無人島の荒磯に
命懸けの十日間（注1）
海驢狩り決行の本社記者ら
きのう元気で西郷に帰る

日本海の荒波の中にぽっかりと浮かぶ無人島竹島（一名リヤンコールト島）。ここの海驢狩りの実況を銷夏《しょうか》新読物としてものすべく本社記者松浦直治、写真班長谷川義一の両名および隠岐、竹島方面における動物棲息状況を視察のため漁夫と行をともにした大阪動物園獣医寺内信三氏の一行は、去る九日西郷港より小型発動機船に乗り組み、八十五海里の荒波を蹴って十日朝目的地に到着。爾来初夏の暑い日射しを掩《おお》う木陰さえない島の潮風と焼つく天日に曝《さら》されつつ活躍をつづけ予期以上の成績をおさめて二十二日無事西郷に帰着した。一行は伸び放題の髭を剃り落とし、かき流しの汗をさっと一風呂浴びてから元気に語る。

「十日間の滞留でしたが（注1）、そのうち八、九日までは時化《しけ》つづきで（注2）、最初の十三頭捕獲後は（注3）僅かに時化間を利用して殆ど命懸けの苦闘をつづけて、四頭を捕獲したのですが、うち一頭を取り逃して本当に残念でした（注4）。何しろ海驢の巣窟で、めざす沖ノ島を乗越す一丈余の大波が押し寄せてくるので、漁夫は無論、てんで海驢がよりつきませんので苦心しました。特に十日の晩（注5）の如きは夕刻から俄に天候険悪となり、数十年出かけている漁夫でさえかつて知らぬという大時化で吹き付ける烈風に天幕は幾度か吹き飛ばされんとし、物凄い雨を冒《おか》して全員で俄に必死となったものです。しかも、夜中には殆ど一時間半おきに岩石が崩れ落ちてわれわれの天幕を襲い、危険が迫ってきたので暗黒の中を探り這って仮小屋に避難、不安な一夜を明かしたものです。そうこうするうち風速二十メートルの烈風に吹き捲《まく》られ、断崖にぶっつけられて自由を失った鷗（通称海猫）が十六、七羽天幕の前に落ちてきました。早速、寺内氏が傷の手当をなし、用意の薬と繃帯《ほうたい》で懇《ねんごろ》に介抱してやったお陰で、うち親鳥一羽と子鳥八羽を取り止め保護を加えておりますが、このまま放せば助かる見込みがありませんし、鳥も懐いて離れませんのでその筋の諒解を得て動物園に持ち帰り、教育参考資料にでもしたいと思っております。そのほか点在する岩礁の奇観、殊《こと》に東島の頂上元噴火口跡から下を眺めると、全く龍宮を思わせるものがあります。沖ノ島の洞穴（注6）には吹き込む風が岩にぶつかって得もいわれぬ音楽を奏でるようなものや、潮が打揚げる美観に魅入られるようなものもあります。われわれはこれに潮吹の井戸、風吹の井戸と命名しております」

なお、同行の寺内氏は渡島以来動物の生態状況を仔細に観察し、海驢、海猫、大水凪鳥、隠岐馬あるいは輪転牧畑における飼育状況など、その調査は動物学界に有益な資料を齎《もたら》すものと期待されている（西郷）

（注1）竹島到着は六月十日であり、出発は六月二十二日の昼と考えられるので、実際の竹島滞在は十三日間になる。到着・出発の日を除けば、滞在は十一日間ということになる。

（注2）実際に竹島で取材活動ができたのは、三日間程度であったことがわかる。

（注3）六月十二日に、中田忠一動物商は一足先にアシカ十三頭とともに、島を離れている。「最初の十三頭の捕獲」は、このアシカのことを指していると思われる。

（注4）六月十二日に、アシカ十三頭を送り出したあとは、三頭のアシカしか捕獲できなかったことがわかる。

（注5）十日は竹島に到着した日で、この日の昼と夜にはアシカ猟が行われている。嵐が吹き荒れたのは二十日であるので、「二」の脱字があると思われ、「二十日の晩」が正しい。

（注6）沖ノ島は平らな島で、「洞穴」はない。「岩の空洞」が正しい。

連載記事「日本海のアシカ狩（1）」　大阪朝日新聞　1934（昭和9）年6月28日

血しぶきあびて死の大猛闘
怒れる北海の荒獅子にひかれて
舟は洞穴へズルズルと

日本海のアシカ狩

松浦直治記　長谷川義一写真

【一】血しぶきあびて死の大猛闘
怒れる北海の荒獅子にひかれて
舟は洞穴にズルズルと

近くは碧瑠璃《へきるり》、中ほどは紺青《こんじょう》、遠くは桔梗《ききょう》色、三段の色調鮮やかな六月の日本海。サーカスの天幕《テント》のような大型の三角波が白く捲れ上って、爆撃された玉簾《たますだれ》のように散る。散る度ごとにテングサ、ワカメ、ホンダワラの織りなす黄と琥珀《こはく》の密林が、コバルト・ブルーのだだっ広いインク壺で、狂女のように髪ふりみだして立ち騒ぐ。

島といっても最大が四万坪たらず。次が三万坪あまり。あとはずっと落ちて二千坪以下の列岩。数がなんぼだって？そいつがねエ、トロリとした凪《なぎ》の引潮刻だと三百近くも数えられるが、ひとたび南風がかぶって時化《しけ》となると、五つか六つになるまで、島の二、三倍もある波濤のなかに没し去るのだから、実数すこぶる曖昧。

全島、樹木一本もなく、盟主をなす東島には五十尺以上の高地にわずかの土塊があって、イタドリ（虎杖）、ベンケイソウ（弁慶草）、ハマナデシコ（浜撫子）の群落が鳥糞に塗《まみ》れて、青と白の斑をなしているが、人間の踵のとどく限りは蹉跎《さだ》たる玄武岩の礫塊づくめ。風と浪に蝕まれた百余の洞窟に巣喰う北海の巨獣北海驢《キタアシカ》（ユーメトピアス・ジュバタ）（注1）がこの荒涼風景の主役でその数一万余。巍々《ぎぎ》たる岩峭《がんしょう》の赤肌を埋める白衣の麗人ウミネコ（海猫）、こいつは春先には二十万いるか、五十万孵化したか想像もつかない。

ほかに寡勢《かぜい》ながら人間が十一人、梅雨期ごとにこの無人島に押し寄せて島の主ミス・ジュバタに果敢なる争闘を挑もうとする。海驢桃源郷にとっちゃ始末におえぬ異端者。以上がこの広い日本にも類例のない「大海驢捕物陣」の書割《かきわり》。

場所は北緯三七度九分、東経一三一度五五分、隠岐西郷港から西北一〇〇海里、欝陵島の東北東四〇海里の洋上に、胡麻粒ほどに浮ぶ猟奇島リヤンコールト列岩、すなわちリヤンコウ島。この間亡くなられた聖雄東郷元帥が日本海海戦の戦勝報告にこの名を使用されて以来、世界の海戦史に不朽の名を留めている。

ダ、ダーン！「やれ、はァ、撃っただァ、撃っただァ、こりゃァがいにえらァ（豪《えら》い）奴にかかっただァ」「応援隊出さァ、出さァ」鉄砲の音は生捕り困難の合図。えッさ、えッさ、えッさと二挺櫓を漕げば、船は九尺、波は二十尺、板底につくばって見れば二百六十尺の西島の岩角が四十五度に傾いてゆさぶる。

舷《ふなばた》から「オーイ」、遠くに「オーウイ」

アアいけない。九尺のカンコ（艀船）は、ズル、ズル、ズルと、昼なお暗い洞窟の中に引きずり込まれてゆく。ダ、ダーン、また一発、血しぶきは洞の中をさっと染めたが、弾丸はまたも急所を外れた。島トド（上陸中の海驢）を打っては日本海はもとより、シベリア沿海州、千島、樺太にかけて並ぶものなしといわれた島頭領の中渡瀬仁助さんの腕だが、濤間《なみま》にくぐれば相手は北海の荒獅子だ。こめかみの上部三インチを撃ち抜かない限りはモロに不死身なので…。

しまった！敵は牙を剥いて逆襲にきた、ガブリ！舳《へさき》に噛りついたぞ、カンコは四人の漁師を乗せたまま、暗澹《あんたん》たる洞窟内で右に左に、軽々と振り廻される。一度岩塊にドカンと行ったらそれきりだ。

三人の若い漁師は板子の底に平蜘蛛になって、血の気を失った唇を噛みしめている。百練琢磨の仁助頭領だけは、片膝立てて、銃口がもうはいがねのように薄れた村田銃をじっと擬《ぎ》しているのだ。頭領は狩猟開始以来三十年、六千余頭の海驢をいけにえとしてきた。

一と揺《ゆ》り、巨獣の猛撃が早かったか、火花の炸裂が早かったか？―決闘だ！いや、この勝負は預かりだ。沈着無比の孤島のヒーローは見ごと土俵際で強敵をうっちゃった。相手の首にからんだ大縄を撃ち切ったのだ。不死身の剛敵はわれわれから流した血の海のなかを悠々と鰭を翻して洞穴の奥へ。

「クワーッ、クワーッ、クワーッ」チェッ！何て人を喰った鳴き声を立てやがるんだい。「東西東西《とざいとうざい》、この相撲取り疲れまして引き分けェ。さァ、帰らァ、帰らァ」副頭領格の枡田定蔵さんは軍配代りに櫂を挙げて手鼻をチンとかんだ。

写真説明
【上】岩礁に群れ遊ぶ海驢―リヤンコウ島西島沖にて。
【下】アシカ撃ちの名手、中渡瀬仁助老人。

（注1）ユーメトピアス・ジュバタは、トドの学名 *Eumetopias jubata* である。この連載に登場する海驢《あしか》はニホンアシカであってトドではない。昭和8年に、岸田久吉は『岩波講座生物学2 哺乳類』で、トドに対して「キタアシカ」という別の和名を提唱したが、広く使われるには至らなかった。

連載記事「日本海のアシカ狩（2）」　大阪朝日新聞　1934（昭和9）年6月29日

小舟を斬り割く
海の怪物見参
長剣をもつ"海の大蝙蝠"
物凄い鰐鮫の襲来

【一】小舟を斬り割く

海の怪物見参
長剣をもつ「海の大蝙蝠」
物凄い鰐鮫の襲来

—トン、トン、ツトトン、トン、トン、トン—風があい（南東）に廻った。リヤンコウ風だ。孤島生活の唯一の根拠地、東島の二千坪足らずの礫岩の荒磯にはあいの風（注1）の凪《なぎ》でないと金輪際、船が近寄れぬ。六月五日、隠岐国島後の西郷港に着いてから、五日四晩の、根気よい海路の日和待ち。やっと思いが叶って、九日午後四時出帆した。

船は発動船神福丸。わずか十三トン（注2）の木の葉船だが軽捷無比。船長は「日本海の主」と呼ばるる命知らずの古つわもの吉田重太郎さん。明治三十八年から店開きした唯一のリヤンコウ渡航専門家。一昨年の初秋、本社の酒井機が満州国から晴れの写真を積んで帰る途中、暴風雨のためにこの海底に恨を呑んだ。あの時の捜査にも荒天を衝いてリヤンコウ乗り入れをやったのもこの船。そして、この船長だった。

思い出の船に乗りこんだ一行は、われら二人と猛獣調教にかけてはいま並ぶ者なしといわるる名飼育家、大阪市動物園の寺内信三獣医。これは海獣と海島の棲息繁殖状態を調べ上げて動物園の飼育技術に一エポックを作ろうとの意気込み。いま一人はリヤンコウ海驢の配給元で神戸の貿易商中田忠一君。これは、「弟がアフリカのコンゴー奥までいま飛びこんでますよって、兄貴もリヤンコウ島ぐらいは見とかんと箔が落ちまっさ」とのん気なものだ。

—トン、トン、ツトトン、トン、トン、トン—

隠岐の北端久見《くみ》港の灯が薄れるころから羅針をグッと戌亥《いぬい》（北西）に向けて、十三トンの小舟は飄々としてピッチング、ローリングのシーソー遊戯となってきた。風も吹け、濤も躍れ、どうせこちとらは船長に預けた身体だ。

「ワニだァ、ワニだァ、やれはァ、がいに大けえ大ワニだァー」

午前四時半、航海ランプの残燈と東の水脈の涯を染め出した盗薔紅の投影がゴッチャになって映えようとする時刻。ドッサリ節を歌い止めた船長が我鳴り立てた。

「何だワニ？何ぼ何だって日本海の真ん中にワニが浮いててたまるもんかい」

「イヤ、そうじゃないんです。ここらじゃ、サメ（鮫）のことをワニというんです。それ因幡の白兎伝説の鰐鮫」

寺内君を先頭にハッチの底から這い上がると、出ている、出ている、凄いのが！

茶褐色の背鰭六尺、尾鰭九尺、パッと波頭を嚙んでブルルンと一息、グワッと開いた淡紅色の口腔が、小さな艀舟なら一呑みにしそうな勢だ。グルリと一回転、背鰭をくねらして、ランチ（注3）の通りあとほどのうねりをわれらの船にぶっつけながら一瞬で消え失せてしまった。

一メートルほどもある五条の鰓裂鰓蓋（注4）から噴き出す物凄い潮が、たちまち跡白波と行方を濁す。

「バスキング・シャーク（ウバザメ）だ。日向《ひなた》ぼっこ鮫の劫羅《こうら》を経た奴ですよ。舟の影が見えないと洋上にぽかり、ぽかり。一時間でも二時間でも浮いて息を入れる格好が、野原に寝ころんで日向ぼっこする子供そっくりなのでこんな名前をつけられたのです。日向ぼっこ中、ウマウマと生け捕られる様子があまりバカげているので馬鹿鮫ともいいますネ。いまの奴は全長五十尺はシッカリあったでしょう」と寺内獣医。

「アレェ、チョビ髭さん、がいに物知りだのう、お前さまの言うことァしゃう（真実）だァ、あいつは馬鹿だで、でこうても仇《あだ》はせんがのゥ。今度はでかいうえにおとろしい奴を見せてやるだァヨ」

舵機を息子の清次君（注5）に渡して舷側に宙ぶらりん、千尋の底を覗きこんでいた船長が「こいつだァ、こいつのでかい奴にぶつかったら小舟は真ッ二つに叩っ斬られるでのゥ、オトロシイ奴だァ」

双眼鏡片手に覗きこむ。五、六尋の海中に、群青の潮を濁して、紫の海の大蝙蝠《こうもり》。三メートルもあろうかと思われる翼長、海蛇のように不気味にくねる尾、キラリと光る下腹の長剣、まさしく海洋の毒魚「イトマキエイ」の出現だ。

このおっかない海の大蝙蝠先生もリヤンコウ名物の一つで、畳六枚敷ほどもあるでかい大将に襲われて、その長剣で舟をぶち壊されたことが二、三度あったそうな。

珍らしいよりも気味のわるさが先立つ話に脅かされていると、「オオ、島が見える、島が！」操舵室の屋根に身体をくゝりつけ、海猫を撮っていた長谷川君がまず島影を発見した。

荒涼リヤンコウ島は、いま行手にポカリと田螺《たにし》の殻ほどに泛《うか》んできた。時に午前八時、久見から十一時間の航海。

写真説明
【上】リヤンコウ島の全景（西北方より望む）。右方の大きいのが西島、左方は東島。西島の磯辺でアシカが仔を産み落とす。前方に散在する岩礁がアシカの休息所。
【下】リヤンコウ島見ゆ！（神福丸船上から）。

図説明
【上】リヤンコウ島略図。
【中】日向ぼっこ鮫（ウバザメ）。
【下】イトマキエイ。

（注1）日本海沿岸で、春から夏にかけて吹くそよ風。地方によって風向きはまちまちだが、ここでは南東の風。
（注2）第1神福丸とすると十二トン（九十ページ参照）。
（注3）小型舟艇。はしけ。
（注4）原文の「鰓蓋」は「鰓裂」の誤り。
（注5）原文の「精一」は「清次」の誤り（船長の孫の吉田徹氏の談による）。

日本海のアシカ狩

巌上の白日夢から
一齊ダイビング
海驢大王の物すごい威嚇
晝網に捕へた〃お妃〃一頭

松浦直治 記
長谷川義一 撮影

上陸

…世はさかさまだ…

夜も

…沖の島が見えた…

威容

…侍女の叫び声だ…

ここ

たしかに手ごたへ

【三】巌上の白日夢から
一斉ダイビング
海驢大王の物すごい威嚇
昼網に捕らえた「お妃《きさき》」一頭

「リヤンコウへおじゃるなら草鞋《わらじ》はいておじゃれ、リヤンコウ石原無柵《むさく》丘」上陸第一歩。靴では岩角に足の踏み立てようもないとあって、あっさりこれを「文化の弊履《へいり》」と捨て去り、はだしでテントの柱固めに石運びの労働二時間。煙草一服のあいだにできた寺内君の即興吟だ。

無柵丘とはよく言った。前は荒海、後ろは屏風《びょうぶ》をつき立てたような百八十尺の断崖。中の空地がゴロ石をぎっしり詰めて千坪そこそこ。いっと時化《しけ》来たらこの千坪がわれらの世界の限界となってしまうのだから。

空から沖から眺むれば嘘はない。今流行のポーラ・ベア・ヒル（白熊無柵丘）（注1）。都でこれを設計して四頭の白熊を投《ほう》りこんだご当人の寺内君が、いま自然の無柵丘に封じこまれ、海驢と海猫が広大無際涯《むさいがい》の海と空から「クワォ、クワォ」「ニヤァ、ニヤァ」嘲笑《あざわら》うが如く鳴き立てて、われらの作業を見物しているのだから。

…世はさかさまだ…

「天幕《テント》張りが済みましたら、昼網をご覧に入れましょう」と島頭領が呼びにくる。昼網？

夜もすがら恋のいとなみにつかれた海驢の一群が、西島北側の洞窟前、沖の島などの巌上でうつらうつらと白日夢を貪っている。これを忍び櫓で息を殺して風下から漕ぎ寄せ、幅二十尋、深さ五尋ほどの麻縄網（注2）を、巌上からジャンプして、跳びこむ水路に張りめぐらし、にわかに舷《ふなばた》を叩いて追い落とすという趣向だ。

二隻のカンコは、櫓臍《ろべそ》の軋《きし》みにも咳払いにも心を置きながら、西島を南へ迂回する。北へ廻れば背後から不意討ちが出来そうなものだが、そこが素人量見。鼻の鋭いと無敵の先生たちだから、北の風上に出れば前後不覚に眠りこけていても、一キロも近づくとパッと跳ね起きて駄目だそうだ。

…沖の島が見えた…

「あれがお前さま、リヤンコウ大王のお城だアニ…」なるほどいるぞ、いるぞ！

威容堂々たり、リヤンコウ大王。金茶色の頭に大黒頭巾のようなムク毛をいただき、尺にあまる長髭、三段にくびれた牡牛よりも太い首筋。飛沫が描く白い唐草模様の玄武岩の王座に、四尺あまりの胸鰭をゆったりと載せかけて…。

後宮《ハレム》三千とはいかずとも、波打際に侍るのは、双眼鏡で数を読んだだけでも大小老若美醜（？）とり交ぜて五十に近いお妃たちの堵列《とれつ》だ。たちまち金切り声！と言いたいところが、義太夫語りが酔っ払って小間物屋を開業したら、こんなものかと思われる異様な唸り。ただ一頭離れて物見の役を仰せつかっていた。

…侍女の叫び声だ…

「ウ、ウワァー、グエー、グエー」そら、非常時だ。逃げろ、逃げろの警報。この時、大王少しも騒がず。

ここは謡《うた》いがかりで行きたいところ。大王悠然と七分身を立て髭だらけの顎で一揖《いちゆう》すると同時に、末座の妃から秩序正しく、お先へ御免！ザブン、ザブンとダイビング。最後に大王はノッソリ起ち上ってジロリ！カンコを振り向きながら、物すごい威嚇の一声をあとに殿《しんがり》だ。だが、われらの眼ざすのはこの後宮《ハレム》の一族じゃない。三人の都から来た素人漁師たちが大王の威嚇にど肝を抜かれている隙《すき》に、老巧な仁助頭領はわれらの背後、産室の浜の水路をあッという間もなく網で閉ざしてしまった。さっきの非常警報に一瞬遅れて眼をさました不運なお寝坊女史が、大あわてにあわてて鰭をひるがえした時は…すでに網の中…

「ソーレ、曳いたァ、曳いたァヨ」「捲いたァ、捲いたァ、捲いたァ」エッサ、エッサ、エッサッサ。

「昼網は滅多にかかるもんじゃござんせんが、オミキ（御神酒）の元気でがいにようがした。ヘッヘヘヘ」出がけに名物の物凄い地酒「鬼殺し」三升を平げてきたご一同、微酔《ほろよい》の頬ぺたを撫でて悦に入る。

その夜だった。昼網の成功に気をよくして、ひと網に四頭の大物をさらひこみ、アマチュア連まで総出で闇の海上に力の限り、根《こん》限り、人獣必死に相打ったのは…。

写真説明
【上】たしかに手ごたえ。
【下】昼網にかかった海驢のお妃。

（注1）ドイツのハーゲンベック動物園が始めた無柵放養式展示のこと。檻や柵をなくして、動物を直接観察することが出来る。

（注2）尋は両手を左右に一杯広げた長さで、一尋は六尺（約一・八メートル）とされる。これで換算すると、幅三十六メートル、深さ九メートルになる。しかし、網などの漁具の場合は一尋は五尺（約一・五メートル）とされ、これで換算すると網の大きさは幅三十メートル、深さ七・五メートルになる。

日本海のアシカ狩
血塗れの顎をぱつくり
黒い姐御の逆襲！
夜に入つて魔の礁角とすれすれに
―四― 命からがらの人獣争闘

【四】命からがらの人獣争闘

血塗れの顎をぱっくり
黒い姐御の逆襲！
夜に入って魔の礁角とすれすれに

凄愴《せいそう》な人獣争闘は東島、西の洞窟前の岩山で行われた。

綿雲のはざまにチョッと覗いていた銀の利鎌《とがま》の上弦月（注1）もいつか消えて、僅かに白い潮明りが恐竜の踞《うずく》まる形の東島を、鼎《かなえ》なりに三本足で突っ立った五徳島を、魚籃《ぎょらん》提げ給うた聖像そのままの観音岩を絖地《ぬめじ》に滲み出た水墨のように生かしている好風景。

―仁助頭領は五徳島に押っかぶさった。

夕焼雲を見て、「風が変わりましたで。今日はがいに漁れましょうぞ」と、いつにない自信の口調で言い切ったが、老頭領の眼力は狂わなかった。

一挙四頭バッサリ！まったく水も洩らさぬ手際で、網をかぶせてしまったのだ。

「こらァ、はあ、かかり過ぎだァ、五人じゃ手に了《お》えまいでヤ」

まったくだ。大は七十貫、中は五十貫。小さいのでも四十貫はピンと刎《は》ねる。合わせて二百貫の海の怪物たちが最後の力を振りしぼって小舟を翻弄《ほんろう》しようというのだ。五人合わせて八十貫ソコソコの人間様の力では、踏張っても、力んでも、てこでも、櫂でも及びつくことか。黒い姐御たち、鼻ッ面を揃え、白波を蹴立てて凄まじい勢いでカンコを引きずってゆく。

危ない危ない、あと一町で沖の島じゃないか、彼女たちのハレムじゃないか。そこには獰猛無比のリヤンコウ大王が、彼氏のいとしい嬖妾《へいしょう》たちの救いを求むる叫びに脅かされて夜の眠りを醒まし、好敵御座んなれ！と牡牛の啼声よりも野太い声でさっきから怒りつづけているじゃないか。

またよし大王の牙にかからなくても、引き潮で無数に浮び上がった闇の岩礁にドンとぶつかりゃ、後はどうなる？アッ、沖の島はあと半町。ノコギリザメ（鋸鮫）の歯のような魔の礁角はソレそこに…。「イ、いったい、ト、頭領は何してるんだい？ト、頭領、仁助《にすけ》さーん…」

こっちの素人組は別仕立てカンコで観戦。武官格の安全圏にいるが、いても立っても…。手に汗どころの騒ぎじゃない…。

オヤ、不思議。カンコがピタリと止まったぞ。三寸五寸漕ぎ戻してくるぞ。何という超人的な漁師たちの臂力だ。ドッコイ、違った。老巧の頭領、副頭領たちの網さばき、櫂さばきが、危機一髪でこのドタン場を切り抜けたのである。

岩礁の一歩手前で網は完全に二つに分けられ、頭を揃えていた四姐御たち、両舷側に引き分けられた。これでやっと姐御同士のスゴい首の力を相殺して旗色がよくなってきたわけだ。ソラ行けッ！今だ。素人組も力を貸せ。おっかなビックリ。

網の端を隻手《せきしゅ》にくくしつけて、ウンとひと息、踏ん張ったトタン！「クワーッ！」血に塗れた顎をパックリ開いて三尺あまりも刎ね上がって逆襲と来やがった。「ウワーッ！」こっちも夢中だ。黒い姐御よりもうひとつグロがかった悲鳴をあげて舟底にヘタ張る。

寺内獣医はさすがに鉄ボルト一本で猛虎を操縦する男だ。水棹《みさお》を巧にあやつって、ヒラリ、ヒラリと攻撃を外らす。「ホオ、うめえもんだア、おめエ様は玄人だア」

「大事にしとくれヨ、傷がついちや動物園に持って帰れないから…」

どこまで図太い男だ。こんな瀬戸際になってまで商売気を出してる。―命からがら岸についた。

こんどは三叉（三角形に柱を組み合わせた海驢の引き揚げ用の原始的な起重機）の轆轤《ろくろ》に綱を引っかけて吊揚げだ。エ、面倒臭い、一、二、三頭ずつ一ぺんに揚げちまえ！

―ヨーイ、ソレ、ヨイ、ヨイヤサガラガラ、ガラガラ。七十貫プラス五十貫。「チョッと手ごたえがあるで」「晩飯をウンと食っといてよかったネ」「オーイ、ボテさん、ロープの先にぶら下ってくれエ」岩かげには篝火《かがりび》が赤々。

宙吊りとなって火に映える姐御の図体は、何のことはない、鰭のついたでかいソーセージ。―高々と吊しておいて、下に受け檻を置き、網のまま落し込んで、蓋を被《かぶ》せ、檻の目から鎌をさしのべて網を切り、一頭ずつ自由にして受け檻の横胴を開いて本檻に追い込み、トントンと釘づけにして、これで大阪行き「刎《は》ねる腸詰」の荷づくりはでき上った。

捕われた海驢は、三十日〜六十日は頑強に絶食を続ける。その間仔を生み哺乳して、大阪動物園の分はいまや丸々と丈夫に育て上げているから、不死身のほど推して知るべし。

写真説明

【上】ヨーイ、ソレ、ヨイヤサ。威勢よく二頭の大アシカを吊り上げる。

【下】生け捕ったアシカ十頭を檻詰めに…。

（注1）この日の月齢は二七・六で、上弦ではなく下弦の月である。五十ページを参照。

連載記事「日本海のアシカ狩（5）」　大阪朝日新聞　1934（昭和9）年7月2日

日本海のアシカ狩
【五】
火口底の龍宮へ
太古の静寂境に魚壘の奇観
大自然のトンネル

【五】火口底（注1）の龍宮へ
太古の静寂境に魚塁の奇観
大自然のトンネル

海驢狩も今日はちょっと骨休め。リヤンコウ島中での神秘境「火口底の龍宮」訪問と出かけます。「火口底の龍宮」？—

これはリヤンコウの島創造の昔、主盟をなす東島からは盛んに火を噴き上げたものらしく、今もなお観音岩その他明かに東島のヨナ（注2）の落下によってでき上ったとみるべき幾十かの列岩がある。噴煙終って幾千年、荒海の風と波が島の巌根《いわね》を根気よく洗い蝕《むしば》みつくして、幅五、六間ほどの洞穴を間断なく掘り続け、紆余曲折四、五町を経て、ついに火口底まで達したか？ 大爆発の際の亀裂が地下から地下を貫く。つまり、火山の貫通銃創によって生れたか？ この二つの作用がゴッチャになって、内と外から歩みよって貫通したか？

地質学の素人には知るよしもないが、富士、雲仙などの風穴にも比すべき高さ五十尺、幅三、四十尺の大穴、おそらく火口底まで潮《しお》で連絡するこの大自然トンネルは他に類のない壮観だろう。

緑の潮はヒタヒタに穴を洗い、カンコ数隻が並んで楽に通える水路が三ケ所火口底に通じている。火口底入りの北の関門を飾るのは、太古わが日本とアジア本土が陸続きの頃このあたりを闊歩したであろう怪獣マンモスの姿を彷彿させる百尺近い象岩。これをくぐって、一の洞穴、二の洞穴と進むにつれ、潮はいよいよ澄碧《ちょうへき》、大気はますます冷透、二の洞穴から先は風もピタリ！と凪《な》いでワカメ、テングサ、ホンダワラの大密雲を揺がすほどの漣《さざなみ》もない。

刻み畳まれた岩皺《しわ》の奇態は時に王摩詰《おうまきつ》（注3）となり、倪雲林《げいうんりん》（注4）となり、紀南の名勝瀞峡《どろきょう》を絶海の無人島に持ち込んだかたち。

真冬の大時化《しけ》の折は、これから火口底の浜までが絶好の海驢の避難所となる。岩の峡間の薄明りに、はっと瞳を上げると、パリのエトアールの凱旋門を墨と代赭《たいしゃ》（注5）で粉飾したような巨大なくぐり戸をいま抜けるところ。峡間の明りはいよいよ強く差して来た。火口底だ？ いよいよ、大井戸の底に入ってきた。見はるかす百八十尺の火口底は、いまグルリとわれらの舟を囲んで径一町ほどの円筒となっている。

丸く区切られた円筒の上、狭められた碧落《へきらく》に片袖ひるがえす純白の振袖雲、チラリと舷《ふなばた》に落ちた島かげ。

「ここは月の夜がようがすでノゥ、真ッ暗な中を手さぐりにカンコを押してきますと、井戸一ぱい岩も水も水銀を流したようだァ。天井を見るとお月さまが真ん中で、ぐるりは降るような星ッ子だァ、うらァ西郷の町の活動写真で見た西洋のあまッ子の乳房の飾りのようだァちゅうたら、女禁制の島じゃ、何でもそげェなものに見えるだァと笑われた、アハハハ」

副頭領定蔵さんの破鐘声《われがねごえ》が一句一句、こだまを返えし終ると、あとは十万法界音一つない太古の静寂。少し薄気味悪くなる。一人がカメノテ（亀の手）を叩き潰して鉤にかけ糸を垂れると、たちまちにだ、寄ったも寄った、眼が眩《くら》むほど寄った。

鎧武者《よろいむしゃ》のオコゼ、桃色とレモンの裳《も》のイトヨリ、白いマントのヤリイカ（尺八烏賊）、ウミタナゴ、グチ、カレイ、スズキの大群が、緑と海老茶の海藻林を押し分け、へし分け、水泡を沸かしてワッサモッサと寄ってきた。

一行のうち二人は太公望の辛気臭さが大嫌いで、臍の緒切って今日が日まで釣糸を手にしたことがなかったが、さてひとたび糸を垂れると、四、五尺と沈まぬうちにグイグイと強い手ごたえ。獲物を鉤から外す間も惜しいほどで二十分そこそこで大バケツに二杯。餌つけ役の若い漁師勘蔵君が悲鳴を挙げた。

「堪忍して下せえ。これ以上釣ったらテントへ持って帰っても捨て場が無えだ」—リヤンコウ龍宮の魚塁の奇観がこれだ。

写真説明

【上】龍口（注6）入口の魚釣り。

【下】火口底の「龍宮」に入る—リヤンコウ島の東島。

（注1）海食洞の天井部分が雨水などの作用によって崩落してできた浸食地形で火口底ではない。ここでいう火口底は、天井が崩落してぽっかり開いた海食洞の底部にあたる。

（注2）火山灰のこと。

（注3）王摩詰は唐代の詩人・画家。

（注4）倪雲林は元代の画家。

（注5）赤鉄鉱を原料とする黄褐色～赤褐色の顔料。

（注6）原文では「龍口」となっているが、「龍宮」の誤りであろう。そうでなければ、魚釣りの場所を、龍が水をはき出す部分の「龍口《たつのくち》」に例えたのかもしれない。

【六】慓悍《ひょうかん》な比翼鳥《ひよくどり》

「漁場の案内役」も承わる　むしろ凄い海猫の大群

濤間の流線型アシカに対して、これは蒼穹《そうきゅう》の流線型ウミネコ（猫そのままに啼く鷗《かもめ》の一種）。わが海豹島《かいひょうとう》におけるオットセイ（膃肭獣）とロッペン鳥、エクアドル（注1）ガラパゴス群島におけるゾウガメ（象亀）とペンギン、ヴィクトリア湖におけるカバ（河馬）とフラミンゴと同様。

空と陸と一つの餌を上下からねらう負けず劣らずのライバル。リヤンコウの海猫は東島北側と西島南側の岩角を盛り場として、三月の繁殖期（注2）には二十万を超え、ものに脅えて飛び立つときは空もために暗いという物すごい盛翔。

青森県の蕪島、島根県日御碕の経島《ふみしま》がわが国における海猫の二大繁殖地として天然記念物に指定されてはいるが、リヤンコウの漁師の言を藉《かり》れば経島はリヤンコウの出店の一軒ぐらいなもの。ここで孵化した数十万の雛はひと冬だけ越年し、二歳児となれば直に産卵して、仔鳥がひとり歩きして餌を拾う力がついてくるのを見とどけ、親島は一羽残らず島におさらばして本州の日本海沿岸各地を眼ざして飛び去る。だから、この島には二歳以上の成鳥は絶対に棲息しないし、沿岸各地を飛遊する成鳥にはリヤンコウ生れが多い。

恋に生れて恋に死ぬ、なさけの海のかもめ鳥…（注3）なァんて。いかにもあのスカイ・ラインをやわらかに切る銀の青磁鼠《せいじねず》（注4）の流線型をヨットの上からでも望見してると、恋に死ぬ連理鳥（注5）とも比翼鳥《ひよくどり》（注6）とも見られようが、数万の大群と同棲十二日。テントをとり囲んで、耳もとで昼寝もできぬほど「ニャオ、ニャオ、キャア、キャア」やられ、二、三十分も岩礁の間をうろつけば、窒素と燐酸に富む白い流動体の飛んだ焼夷弾で、顔もワイシャツもベタベタな洗礼を受けるとなると、まことに無風流な幻滅の鳥としか眼に映らぬもの。

雪白の頭、レモンの嘴《くちばし》、朱線《しゅせん》を持つ美しい眼、優雅な顔立ちに似ず排他心の強いエゴイストで、繁殖地の岩礁一帯は完全に己が領土とし、光栄ある孤立を守るためにはいかなる戦いも後に退くことはない。

われらが島に上陸してから一週間目、大時化《しけ》（注7）のあくる日だった。羽根を浪風に打ち挫《くだ》かれてヘトヘトになったアオサギ（蒼鷺）が一羽舞い降りてきた。頸筋《くびすじ》は斑《まだ》らに毛が抜け落ち、大きさはタンチョウ（丹頂）をも凌ぐほどの大アオサギだった。じっと岩角で羽根を休めている間は、ウミネコ群もさすがその威容に辟易《へきえき》したか、遠巻きにして警戒の声を放つだけだったが、ひとたび餌を見つけて海面へ下りかけると忽ち八方から追っとり囲んでつつく、蹴飛ばす、怒声！叫声！

勢いに呑まれたアオサギ君はほうほうの態で欝陵島の方へ退散。次の日ヒョックリ訪れた風来坊の猛鳥「ミサゴ」もその敵でなかった。

波打際にしばしば打ちよせる「イソヒヨドリ」や「イワツバメ（岩燕）」のむくろ（注8）もみなこの頑固な鎖国主義者の血祭りとなり、支那料理随一の珍味「燕巣」をつくるイワツバメも昔はかなり島に棲息したが、今はウミネコの圧迫下に殆ど跡を絶ちかけている。

だがこの慓悍なエゴイスト氏、一面においては漁夫たちのために天気予報士ともなり、漁場案内の役も承る。天気予報としては、凪の前日だと必ず朗《ほがら》かに鳴いて夕焼空に胡麻を撒いたように飛揚する。

漁場案内者としては、イワシ（鰯）、ニシン（鰊）その他の小魚の移動方向を熟知していて魚群の小から大へ、疎から密へ刻々に追いつめてゆく。また海中では同様に魚群を空のウミネコ氏と競い追うイルカ（海豚）、マグロ（鮪）、ブリ（鰤）、カツオ（鰹）の大群がある。だからイワシを追う漁夫も、マグロをねらうトロール船も、一様にウミネコのコーチに従って思わぬ豊漁にありつくことが多い。

いま一つ、灰色の岩角を累々と雪のように白く深く埋むるグアノ（鳥糞層）もまた燐酸、窒素肥料として有力な孤島資源で、山陰の肥料会社がすでに目をつけ始めている。

写真説明
【上】「うみねこ」の大群―リヤンコウ島西島にて。
【下】「うみねこ」の雛―リヤンコウ島東島にて。

（注1）原文では「チリ（智利）」とあり、誤り。
（注2）「三月の繁殖期」は疑問。五十八ページに詳述。
（注3）島崎藤村の若菜集・かもめの冒頭「波に生まれて波に死ぬ　情けの海のかもめどり…」をもじったものか。
（注4）灰色がかった淡い緑系の色。
（注5）連理は二つが一つになっていること。唐の詩人・白居易の『長恨歌』に「天に在りては願わくは比翼の鳥となり、地に在りては願わくは連理の枝とならん」とある。
（注6）古代中国の伝説上の鳥。一つの翼と一つの眼しかないため、常に雌雄が寄り添って飛ぶという。
（注7）天気図を検討すると大時化は六月十五日であった。アオサギが舞い降りたのはその翌日の十六日で上陸してから七日目にあたる。
（注8）死体。

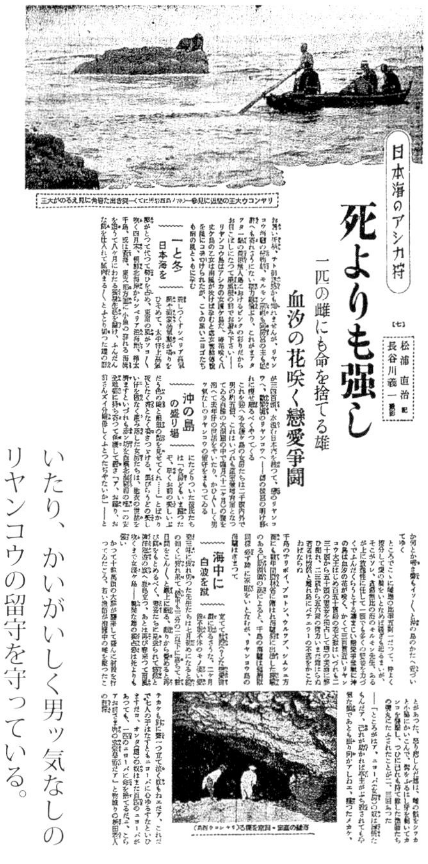
日本海のアシカ狩
【七】
死よりも強し
一匹の雌にも命を捨てる雄
血汐の花咲く戀愛争闘
松浦直治記　長谷川義一撮影
一と冬日本海を
沖の島の盛り場
海中に白波を蹴
リヤンコウの大王の近影に見参―沖ノ島西岩礁にて―突き出た岩角に見えるのが大王

【七】死よりも強し
一匹の雌にも命を捨てる雄
血汐の花咲く恋愛争闘

お暑い折柄、チト御迷惑かも知れませんが、リヤンコウ海驢の恋物語。モルモン宗祖（注1）も阿房宮《あぼうきゅう》の主（注2）も足許《あしもと》へも寄れそうにない精力絶倫ぶり。これがまァ、たった一点の荒涼無人島におけるピンクの彩りだから、お目こぼしになって扇風機の前でお読み下さい。

リヤンコウ島は海驢の女護ケ島《にょごがしま》だ。椿花咲く八丈ケ島の乙女は、南風が吹けば孕《はら》むと処女懐胎伝説を風にコヂつけられたが、ここの黒いニョゴたちも南の風とともに孕む。

ひと冬日本海を荒しつくすシベリア高気圧や満蒙高気圧が鳴りをひそめて、太平洋上高気圧がとって代って勢いを占め、東南の風がそよそよ吹く四月末。朝鮮北海岸からシベリア沿海州、樺太千島、或は黄海、東支那方面に小魚の群れる海流を追うて、八ケ月にわたる独身生活を続け、ふんだんな餌を仕入れて膩肉《あぶらにく》まるまるとふとり切った雄の群が三、四百頭、水温《ぬる》む日本海を渡って、恋のリヤンコウへ、歓楽境のリヤンコウへ―濤《なみ》の後宮《こうきゅう》の明け暮れに痩せ細るべくやってくる。

これを迎える女護ケ島の女たちは、二千頭内外で男の約五倍。これはいずれも産室兼哺育室となっている百余の大洞窟の中で臨月（十二ケ月）の腹を抱えて去年仔の世話をやいたり、かいがいしく男ッ気なしのリヤンコウの留守を守っている。

沖の島の盛り場にたどりついた彼氏たちは、「女房どもいま帰ったぞ、早くお前の美しいぶどう色の瞳と銀鼠の髭を見せてくれ…」とばかり、夜となく昼となく鳴き続ける。黒ビロードの美しい仔を難なく産み落した女房たちは、胞衣《えな》の世話を済ますと、いずれも赤ん坊を西島北洞窟前の唯一の安全地帯に持ち寄って保護して置き、「ア、お帰り、お前さん随分、頼母《たのも》しくふとったじゃないか」とか何とか啼き声もイソイソと沖の島の方へ近づいてゆく。

ところで、ここに雌雄の比率五対一だって。仲よく按分して愛の巣をいとなめば騒ぎも起るまいが、そこがソレ、貪欲無比の海のモルモン先生、あるが上に放逸性に任して一頭でも多くの嬖妾《へいしょう》を力づくでふんだくろうとする凄まじい恋愛争奪戦に、沖の島は血汐の花が咲く。かくて、三百貫近いリヤンコウ大王はじめ百五十貫級の老大獣は、いずれも二、三十頭から五十頭の妻妾《さいしょう》を独占して恋の美酒に酔い痴《し》れ、一、二、三歳から五、六歳の精力いまだ備わらぬ若者は、悄然と離れ島にバチェラーの不遇をかこたねばならぬ。

千島のチリボイ、ブロトン、ウルップ、シュムシュ方面にも数年間農林省に雇われ海驢狩に出漁した経験のある仁助《にすけ》頭領の話によると、千島の海驢はオットセイ（膃肭獣）同様、必ず陸に家庭をいとなむが、リヤンコウ島の海驢はきまって海中に白波を蹴立てて壮烈（？）な恋愛遊戯に耽るそうな。

二ケ月余、不眠不休のモノ凄い愛欲三昧に疲れ切った先生たちは、七月初めになると綿の如くに疲れ果て、体重も三分の二以下に落ちて、数日間をこんこんと巌上に眠る。眠りから覚めると再び餌を求めるべく、妻妾たちに見送られて悠然と遠洋回遊の旅へ鹿島立《かしまだ》つ。あとは再び春来って南風吹くまで女護ケ島―。執拗な雄の独占欲は死よりも強い。

かつて、十余万頭の大群が襲来して盛んに射殺を行っていたころ、若い漁師が抱擁中の雌を撃ったことがあった。怒り悲しんだ雄は、雌の骸をシッカと小脇にかいこんで、髭を振るわし牙を剝いてカンコを襲撃し、ついに己れも持て余した漁師たちの弾丸に倒されたことが二、三回あった。

「ところがはァ、ニョーバ（女房）の奴は薄情なもんだァ。己れが助かれば亭主がぶち殺されても平気な顔で、あとも振りむかァしねエ。残ったメカケ、テカケ（注3）も別に声一つ立て泣く奴もねエだァ。これだで『七人の子はなすともニョーバに心ゆるすな』（注4）といいますだヨ、オンタ（雄）の奴はまた百匹のニョーバがあっても、一匹のニョーバに命を捨てるだニ、こらァお前さま唐の玄宗皇帝だァ」と物識りの枡田老人の註釈。

写真説明

【上】リヤンコウ大王の間近に見参―（沖ノ島西岩礁にて）―突き出た岩角に見えるのが大王。

【下】海驢の産室・洞窟を摸《さぐ》る（リヤンコウ西島）。

（注1）モルモン教は、当初一夫多妻制の教義をとり、宗祖ジョセフ・スミスには多数の妻がいたという。

（注2）秦の始皇帝のことで、建設した阿房宮には数千名の妾がいたという。

（注3）メカケは「妾」、テカケは「手掛」。

（注4）「七人の子はなすとも女に心許すな」という諺のこと。

【八】島の探険奇話

さても妖しや「アシカ囃子」
突落されて育つ「海驢の子」
『風吹井』と『潮吹井』

丈余の波濤にズブ濡れになってカンコで漕ぎ廻るばかりがリヤンコウじゃない。梅雨晴れ、あいの風（注1）のあとがピタリと凪ぐと、さしも荒海の真っ只中も油を湛《たた》えた水盤よりも不気味な静けさにひたってしまう。親切な漁師たちは絶好の狩猟日和を一日潰して、われらに沖の島探険をすすめてくれる。

沖の島はいま千余の海驢群の密棲地で、いわばリヤンコウ銀座。ここを一日荒らせばあと二、三日は海驢が寄りつかぬから、狩のあぶれとなって大痛事だが、宰領方の池田氏も仁助頭領も「まア、ようがす。あとは何とかなります」と気前よく一行をカンコに押し入れる。

昨日、波の底だった沖の島は、今日は群青の大幔幕《まんまく》の上にポツリポツリと置かれた二千坪ほどの小さな文鎮だ。櫓の音高く、リヤンコウ大王はじめ後宮《ハレム》の一族を苦もなく追い散らして、今日は大っぴらに風上から正面上陸―。

オヤ？あれは何だ―。ま昼の虚空《こくう》に妖しい笛の音が聞えるぞ！或は低く、或は高く、微妙な余韻に緑青の水の面を振《ふる》わして…。律も呂もごっちゃの原始的な嫋音《じょうおん》。

「狸囃子《たぬきはやし》」というのは聞いたが、これは「海驢囃子」とでもいうのかネ…。ハテネ、魔島リヤンコウの真昼間、アシカの精につままれたか？…。オヤ、鳴るのは虚空じゃない、岩のはざまだぜ―。

「ア、見つけた、見つけた！」眼の敏《さと》いことにかけては乗り込みの日の島影発見で船長に折紙つけられた長谷川君が、またも面妖《めんよう》なアシカ囃子の正体を発見した。捉えて見れば、これはまた何としたこと！タダ一個の貧しいベッコウガサ（鼈甲笠）の空殻が岩の面にへばりついているだけだ。が、いったいどうして、このつまらない貝の口から妖しい楽《がく》の音が沸いて出るのか？ベッコウガサと睨めッこしばし。それから後へ廻り、波間を覗き、石を起すほどに、やっとからくりが分かった。

五尺四方あまりの岩の落窪《おちくぼ》に瀬を起した波がどッと流れ込む。潮足の速いところだから、トタンに落窪内の空気をグッと駆搾して落窪の奥に缶詰にしてしまう。缶詰となった駆搾空気は唯一の捌け口たる岩塊のなかの次第に細まる空洞を紆余曲折し、最後にベッコウガサの口から素晴しいスピードで洩れる。この間、空洞中のカメノテや海藻が自然の精妙なリード（笛の舌）となってアシカ囃子の珍奏楽は起るのだ―。

つづいて、海驢の子育て井戸というのがある。島の中央に二ケ所。一つは平水面より三尺、他の一つは五尺ほども高い自然の鹹水プール。一丈二尺の水桿《みさお》を立てて見ると半ばにも足りないくらい。ここで海の獅子は、生れ落ちて眼が開《ひら》いたばかりの仔をプールに突き落とし、這い上ろうとすれば鰭ではたき落して、泳法を教える。陸における連獅子《れんじし》の伝説（注2）そっくりじゃそうな。一行が上陸したとき、母海驢たちはあわてふためいて、水泳練習中のチビ公を二つプールの中に残したまま水中にもぐってしまった。やがて、チビ公の写真撮影がはじまると狂気のように猛《たけ》り立った。

母親二頭は数町の沖合から血の涙をしぼるような声で、波間に転々して泣き叫ぶ。つい、いじらしさが先にたって、「ソレヨ！」チビ公の尻ッ尾をつかんで海上に投り出すと、「メエーッ、メエーッ」と可愛い声。魚雷のように波を切って母の懐ろへ。

われらはこの二つの奇現象に渡島記念として新らしい名称を贈った。アシカ囃子の洞には「風吹井」、そしてチビ公のプールには「潮吹井」。

沖の島の正面にあたる西島洞窟一帯はチビ公の楽園。母親たちはリヤンコウ大王の側近に侍る一方、絶えず仔の動静を知ることができるからである。

仔は岩室内に四、五十の一群となって昼を遊び、深更《しんこう》哺乳に来る母を待つ。チビ公至って人なつっこく、写真のとおり人が近づいても逃げようともせぬから捕獲はお茶の子だが、繁殖をはかるため手をふれず、厳しく保護している。

写真説明

【上】可愛いアシカの赤ちゃん。安全地帯の託児所・リヤンコウ島西島にて―右端は仁助頭領、左は寺内獣医。

【下】チビ公のプール「潮吹井」。

（注1）日本海沿岸で、春から夏にかけて吹くそよ風。地方によって風向きはまちまちだが、ここでは南東の風。

（注2）「獅子は我が子を谷底に落とし、這い上がって来た子だけを育てる」という伝説で、『連獅子《れんじし》』は歌舞伎などの演目。

恐怖の夜嵐！
ウヘーッ、怒濤に防波堤急造
俄然天幕の真上から崖崩れ
海猫助けて 命懸けの避難

【九】恐怖の夜嵐！

ウヘーッ、怒濤に防波堤急造
俄然《がぜん》天幕《テント》の真上から崖崩れ
海猫助けて、命懸けの避難

西の海原の涯《はて》に夢のように霞んでいた鬱陵島が視野から消え、雲足みだれ、陽かげり、テントの中のバロメーターがグングンと落ちてゆく。―七五九、七五七、七五三、ついに七五〇ミリ…。嵐、嵐！…。今宵はどうせ眠られまい（注1）。

さっきまで斃死した海驢の腐肉に集まっていた無数の黒蠅が、忽《たちま》ち一疋残らず影をひそめてしまった。蠅取風、こいつがリヤンコウ島では命取りの魔風だ。二週間も二十日もこの蠅取風にたたられて、隠岐本土から廻した救援船も見す見す島を見ながら渚に近よれず、島の漁師たちは糧食つきて餓死に瀕したことも一再《いっさい》じゃない。

みる、みる、かぶってくる雨風―潮位もグンと上る。東島と西島と五徳島の三面を包まれてわれらのテントと小屋は、いわば大洋に面した袋路地の奥。高潮の奔騰《ほんとう》がお誂へ向きに勢いを倍加するような有難くもない仕掛けとなっているので険呑《けんのん》だ…。まごまごしている間にカンコが怒濤にさらわれた―。

「それッ！」若い漁師が二人赤銅色の節くれ立った逞しい肉塊に、海驢引揚用の大麻綱をキリキリキリ捲きつけて、ザブリ、波の底へくぐった。浮き上るときは「ほんだわら」と「てんぐさ」を被った河童のお化けとなって、転覆したカンコに囓りつき、グングン岸へ―。三度四度、波の底に呑まれながらやっと陸へ引き揚げると、こんどは海驢の檻が危ない。

十三頭の獲物の檻は大石を一杯載せたまま、ゴロゴロ、ゴロゴロと地鳴り立てながら沖へ。「ウワーツ、みんな出てこいトド（海驢の別称）が流れるぞオ―」やれやれ、一難去ってまた一難。今度は総動員「オオ、お客さんがたァ、アッチ行かっしゃれ。こんどはテントがやられる番だァ！」ウハーッ！再難三難、一しょくたのお見舞―。

かねての頭領たちの指図どおり、間髪を入れず三人で俄《にわか》ごしらへの防波堤築き。もっけの幸いには三貫、五貫の波石が無尽蔵だから、作業は面白いほどはかどる。エッサ、エッサ、ウントコ、ドッコイ！二十分そこそこでテントの周囲は縦、横三尺の原始的な防波堤ですっかり囲まれてしまった。

漁師もわれらも、グッショリと頭から潮びたり。ヘタヘタとテント前の莚《むしろ》に坐りこんで、チェリー一服吸いつけたときのうまさ！朗《ほが》かさ！

こうしてお粗末ながらも防波堤一つ築いておけば、波はいよいよぶってきても、堤の上の三貫、五貫の大石がさらわれるとなると、物すごい砲声まがいの音を立てる。真夜中ぐっすり寝こんでいても、この警報を二つ三つ聞いてから飛び起きて避難にかかったら遅くはないわけ―と随分われらにしては出来過ぎた臨機応変の処置を取ったつもりで、凄愴《せいそう》な濤《なみ》の音、嵐に羽根を折られたウミネコの悲鳴、逃げまどう仔海驢のいたましい叫びを聞きながら、ウトウトと横になったが、これが大当て外れ―。

午後十一時四十分。ド、ド、ド、バターン。テントがむくれて鳴った。百目蠟燭《ひゃくめろうそく》（注2）がパッと消えた。ハテナ？―礫がへんな方角から飛ぶぞ。…エエ眠い、ねむい。仕事は大石がケッ飛ばされてからのトドだ。寝ちまえ！「ア、トド（海驢）が見える、とどが！」（これは寺内君の寝言）―

ド、ド、ド、ドッ…またしても怪音、チョッと外を覗くかな？アッ、いけない！崖崩れだ！

テントの真上の断崖が少しずつ崩れてくる。大変だ。みんな起きたり、起きたり。「なに？ガ・ケ・ク・ヅ・レ…」寝呆けちゃいけない。まず、写真機とトランクを出して―。ナニ、懐中電灯の球がスッカリ切れてる？仕方がない。桐油紙を被って漁師小屋まで這ってゆくのだ。ええ生憎《あいにく》と、やけに大雨になって来やがった。

暗いな。どうも―。鼻をつままれても判りゃしない―。オヤ、生温かいものが足に…。痛いッ！食いつきやがった。ああ、翼を岩角にぶつけて落ちたウミネコだナ、マッチを擦ってみよう。いる、いる、可哀そうに。親も子も十羽、十五羽…。

寺内君は何思ったか、危ないテントにまた飛びこんで黒い鞄を抱えてきた。「どうするんです、一体？」「イヤ、このまま放っておけば、明日の朝までに死んでしまう奴らです。助けられるだけ助けましょう」十五羽の傷んだ鳥の親子を桐油紙にくるんで、やっと漁師小屋まで這い寄る。夜の引き明けとともに駆け出して、半ば崩れ岩にまみれながらも無事だったテントを発見した時の嬉しさ！

写真説明
【上】嵐に備え防波堤を築く。
【下】傷ついた海猫に手当。向かって右寺内技手。

（注1）天気図を検討すると、低気圧が通過し気圧が降下したのは六月二十日。
（注2）百目蠟燭とは「百匁蠟燭」のことで、百匁（375グラム）ある大きな和ロウソク。

島の座談會
目の前で捕ったロシヤの軍艦
領土編入から三ケ月目
頭領さんの日本海々戦追憶話

【十】島の座談会A
目の前で捕ったロシヤの軍艦
領土編入から三ケ月目
頭領さんの日本海々戦追憶話

孤島の嵐も体験した。島の奇怪な姿も大かた見つくした。滞在十日目あたりから、持って行った葱も菜ッ葉も赤く枯れ尽くし、樽底の清水も残り少なとなって、コーヒー茶碗一杯の水で顔を洗って口をすすぐような芸当もやらされる。まったく「島で暮らせば乏しゅうてならぬ」の唄（注1）そのままである。だが明日あたりは迎えの船のなつかしいトントンが聞かれるだろう。今夜はお名残りにありったけのビールとウイスキーを傾けて「島の座談会」を催すことにする。

岩角に星河美しく、ウミネコのコーラスが浜風に涼しい夜、テント前の石原にむしろを敷いた素朴な座談会場。出席者は池田宰領方、中渡瀬島頭領、枡田定蔵さん、都田佐市さんほか三人の漁師、寺内獣医、長谷川、松浦―。

長谷川「リヤンコウ島が日本の領土として確認され、全国にもあまり類例のない海驢狩の本場となるまでには、随分面白い挿話があるでしょうね。リヤンコウ発見の沿革とでもいうところを池田さんに一つ…」

池田「何でもハァ、嘉永二年のことでござんす。フランスのリヤンコールト号ちゅう軍艦がこの島を発見して初めて世界的に有名な海驢の大密集地であるちゅうことを発表したで、リヤンコールト島すなわちリヤンコウ島と呼ぶことになっちょります。その後、安政年間にロシヤの軍艦ベラス号はメラナイ及びオリヴツア列岩と名付け、その翌年イギリスの軍艦ホルネツ号がまたホルネット列岩とつけましてノゥ、がいに、はァ、ウラがとこの発見じゃ、ウラとこの先占じゃァゆうちょりますが。

これがべらぼうな話でござんして、日本じゃァフランスのリヤンコールトの発見より百八十三年前の寛文七年に、松江藩がこれを天下に公表して隠州視聴合紀に松島と名を付け、伯耆誌では元和三年に発見しちょります。その後、二百余年間絶えず、隠岐、出雲方面からお役人を乗せて帆船で渡っちょりますで、嘉永年間になって新発見もねエもんでござんす」

寺内「アハハハハ、去年の新南群島先占騒ぎにそっくりの行き方ですな」

池田「ところではァ、明治三十六年になって日露の雲行きが怪しくなって参りますと、がいに偉い男が飛び出しました。伯耆の東伯郡の生まれで中井養三郎という先生で、日、露、韓の三国のド真ン中にあるこの島を早く領土編入しておかァでは、えらァことになると気がつきましてのゥ。小原という海軍兵曹らと一緒に、タッタ四間の小船に二挺櫓を仕立てまして西郷港から乗り出し、命からがら島へ上陸して三十六年五月末初めて日章旗を押っ立て、大日本帝国領土と墨太々と書いて帰りましてのゥ。それから、上京して、小村外相、芳川内相、清浦農相にお百度を踏んで、帝国領土編入願いを出しましたが、小村侯爵さァが、がいに賛成で、これに政務局長の山座円次郎先生がまたえらい力瘤の入れかたで、三十八年二月二十二日に立派に領土編入となりましただァ」

中渡瀬「私は領土編入の前の年から、今年で三十一年間、島に渡っとりますが、中井の旦那がこの島で海驢の漁業権独占を許可されたのは、つまり領土編入の末代朽ちぬ功績があったからで…。ところがあなた、領土編入から三ケ月目にえらい事がぶッ始まりました。五月二十八日の朝のことで、島ではその朝面白いほどトド（海驢）がとれまして夢中になっちょりますと、西の沖あいにえらい大砲の音が聞こえまして、ヨタヨタに弱った四隻の軍艦がかすかに見えちょります。

その頃は、日本海の漁師で軍艦の見分けがつかぬ者はおりませんで、小手をかざしますと、間違いなく敵の軍艦でござんす。何とかしてわが艦にお知らせしたいが、鳥も通わぬ島ではそれも叶わず。口惜し涙にくれまして、押し寄せて来たら、村田銃ででも応戦してくれようと待ち構えちょりますが、動く力もなさそうです。そのうえに、わが軍艦が威風堂々と迫ってきて取っつかまえましたで、やーれ、いくさは大勝利だ！大日本帝国万歳じゃ！と、こちらでは露艦の代わりにトドを取っつかまえて、トドの平首を叩いて、嬉し涙流しました。

あとで聞きますと、これがロシアのニコライ一世、アリヨールアプラキシン、セニヤーウインという有名な軍艦だったそうで…」

寺内「バルチック艦隊の旗艦拿捕の歴史的光景ですネ。有名なネボガトフ司令官の敗戦訓示『ウラルの山高しといえども時いたれば崩る。黒海の水深しといえども時来れば乾す。天地の事物悉く天意の命に従わざるべからず…』の悲痛な言はこの海上で発せられたのだなァ」

―ちょうどこの夜（六月十九日）は、故東郷元帥の三七日。一同しばし感激深く古戦場の海の夕焼けに黙祷した。（この項、続く）

写真説明
【上】（島の座談会）。
【下】中井養三郎氏。

（注1）昭和三年にレコード発売された『波浮《はぶ》の港』（作詞・野口雨情、作曲・中山晋平）。本来の歌詞は「島でくらすにゃ…」である。

連載記事「日本海のアシカ狩（11）」　大阪朝日新聞　1934（昭和9）年7月8日

鍋釜叩いて
珍ジヤズダンス
島が見える、手足は踊る
波間にゑがく〝リヤンコウ舞〟
日本海のアシカ狩
島の座談會
大海の真ツ只中に
囃子方は石油罐や
とどの一と口喰ひ
アレはたかまつ鯨

【十一】島の座談会B

鍋釜叩いて珍ジャズダンス
島が見える、手足は踊る
波間にえがく「リヤンコウ舞」

話半ばに西島の磯にザボンのような夏の月が見えた（注1）。磯のワカメ林が瑪瑙の色に染《そ》んでユラユラ…。

枡田　こげなエエ晩は、お客さァにリヤンコウ舞《まい》でも、舞うてさし上げるだが…。

若い漁師たち「よからァ、よからァ—」

リヤンコウ舞?…無聊《ぶりょう》きわまる島の漁師たちの生活が生み出したタッタ一つの珍芸術（?）である。

大海の真ッ只中にある碁石ほどの島が、朝霧を破ってポッカリと浮かび上がるのを見つけた瞬間は、何十年「板子《いたご》一枚下は地獄」（注2）の生活に馴れきっていても、涙の出るほど嬉しいものだそうな。そこで、島の名物カサガイ（笠貝）を盃に、「鬼殺し」をひっかけて、「島見の酒盛」が開かれる。酔いが回って来ると、自然に手の舞い、足の振りに舞のかたがついてきて、誰がはじめるともなく生まれたのが「リヤンコウ舞」である。

枡田「うら達ァ年役だで、地方《じかた》（注3）に廻るずらァ。さァ若え衆、踊り子さァだで。盃置いて立ったり、立ったり!」

島の新入りが踊り子をつとめ、古顔が囃子方となるのがきびしい不文律で、嫌だといへば「鬼殺し」を取り上げられる。踊り子はさん俵を烏帽子代わりにいただき、太鼓代わりに飯びつの蓋、撥《ばち》の代用としておしゃもじ。囃子方は石油缶や鍋、釜はじめ、オヨソ音をたてそうな台所道具は一揃い持ち出して。

〽アラエー、コラエー、見いさいなァ　見いさいなァ
リヤンコウ舞をば、見いさいな
アア、見いさいな　見いさいな
島見の舞をば、見いさいな—
アア、西の島にはしゃこにめのうに
東の島には金銀珊瑚—
恵方はリヤンコウ……

長谷川「歌舞伎で高麗屋（注4）がやる『高時田楽舞《たかときでんがく》』（注5）、あの『天王寺の妖霊星《ようれいぼし》を見ばや』（注6）という田楽舞の手ぶりに似てるじゃありませんか…」

都田「どうでござんすか。隠岐は流人文化ちゅうて、公卿衆たちの流されて見えた方が多いで、言葉にも踊りにも古めかしい都ぶりが伝わっちょりますでのゥ」

中渡瀬「隠岐の漁師は島見の舞ちゅう奴をよくやりますだ。これから西へ行きますと鬱陵の島見舞、東へ行けば佐渡の島見舞、ずっと下って瀬戸内海へ入るには六連の島見舞、まァこれが舟の上では何よりの楽しみでござんす」

都田「お客さァも踊のご馳走じゃ、腹ァふくれめエ。おとなしいトド（海驢）でもつかまえたらトドのひと口喰い、ご馳走申すべえに」

松浦「トドのひと口喰い?」

枡田「アイサ、こいつはがいに、うめえものだァヨ。おとなしいトド取ッつかまえたら馴らして、首と鰭に縄ァくくりつけて、イカ（烏賊）の多い瀬にカンコ（小舟）で連れて行きますだァ。トド奴が、イカを嚥《の》む時にゃァ、ガブリ、ガブリと鵜呑みだァに。腹一ぱい嚥《の》ましちょって、小屋へ帰ってイカを吐かしますだが。退屈な時には面白い遊びでがす」

長谷川「長良川の鵜飼いをアシカに利用したわけだナ」

寺内「中渡瀬さん、この間からアシカの雄によく注意していると、みな首筋に大きな傷あとみたいなものが見えますネ。鉄砲傷にしちゃ、大き過ぎるようだが…」

中渡瀬「ハハハ、面白いところにお気がつきました。アレはたかまつ鯨と大喧嘩をやった傷痕でござんす」

松浦「たかまつ鯨とは?」

中渡瀬「この日本海中部に多いシャチの一種でござんす。シャチは鯨の大敵といわれますが、ここのアシカにも恐ろしい敵で、群から離れて遊ぶ海驢や若い雌などしょっちゅう襲われます。ところが、百五十貫以上の雄になると、シャチと闘って、大てい食い殺しますが、おのれもひどい傷を受けまして、ああした傷痕が残ります。たかまつ鯨と大アシカの喧嘩は物すごいもんで、血の海の中に上になり下になり、アシカの恐ろしいうなり声は一マイル沖からでも聞えます。しかし、このたかまつ鯨が遠巻きにしとるで、弱い雌は回遊に出ることができず、いつまでもリヤンコウで繁殖が続くわけで、ワシらにとっちゃ、たかまつ鯨は守り神でござんす」（完）

写真説明【上】（リヤンコウ舞）。

（注1）この日の月齢は九。ザボンを横から眺めたような月の意であろう（七十二ページ参照）。

（注2）板子は舟底に敷く板。その下は落ちると死につながる地獄の海ということから、船の仕事が危険なことのたとえ。

（注3）舞踊の伴奏をする演奏者や唄い手のこと。これに対し、舞踊をする人を立方《たちかた》と呼ぶ。

（注4）歌舞伎役者の屋号のひとつ。

（注5）新歌舞伎十八番の一つ。政治をないがしろにし、闘犬・酒宴・田楽舞におぼれていた鎌倉幕府の北条高時が烏天狗《からすてんぐ》にこらしめられるという話。

（注6）『太平記』の北条高時の田楽の条に出てくる。天王寺は四天王寺を指し、妖霊星《ようれいぼし》の出現は天下が乱れる前兆とされた。

孤島のアシカ狩り
初生捕りは十三頭
車中で赤ちゃんを生んで
大阪動物園と阪神パークへ

檻から飛び出すアシカ＝大阪動物園

昭和9年6月16日

孤島のアシカ狩り
初生捕りは十三頭
車中で赤ちゃんを生んで
大阪動物園と阪神パークへ

荒波の山と立ちくる日本海の真只中―押し寄せる海驢の大群を相手にいま勇ましい海驢狩り…本社記者松浦直治、写真班長谷川義一両氏と大阪動物園技手寺内信三氏らの一行は島根県穏地郡の孤島リヤンコウ群島で生捕りの壮烈な光景をペンにカメラにおさめつつ、原始生活をつづけている。近く一行の帰阪とともに銷夏《しょうか》新読物として本紙上に連載されるが、本社の海驢狩り隊と協力して離れ小島で活躍をつづけていた同島の漁業権所有者神戸の中田忠一氏（注1）はリヤンコウ群島育ちの海驢を一日も早く阪神地方の市民の前にお目見得させるために生捕った海驢十三頭を檻におさめて十二日孤島を出発。途中怒濤に悩みながら伯耆境港に無事上陸し特別貨車に積み込んで三日間の海と陸との旅をつづけて十五日午前三時大阪梅田貨物駅に着いた。

氷にかこまれ冷たい水をあびせられながら元気に大阪入りした海驢十三頭のうち、仔をはらんでいた牝海驢が途中進行中の貨車内で月満ちて可愛い赤ん坊を生んだので中田氏大喜び…親はいずれも六尺ぐらい、五十貫余の大きなやつでギャア、ギャアとないて深夜の貨物フォームの静寂を破り十数名の仲仕《なかし》によって三台のトラックに積まれ午前五時すぎ、まず五頭は大阪動物園へ（注2）、八頭は阪神パークへ運送された。

動物園ではさっそく新しい海驢池に入れ、大きな目をキョロ、キョロさせながら嬉しそうに得意の泳ぎをひとくさり…。折柄《おりから》入園者は「リヤンコウ群島で捕ったアシカや」と早くも大人気。また阪神パークでも大きな池に威勢よく飛び込ませ一般にお目見得―。ここにはすでに五頭おり、こんど一躍十三頭にふえたわけで大賑いである。

中田氏談　真黒に日に焼けた中田氏は語る。

「御社の人々らとともに孤島で鮑などを食べてテント生活をしていました。記者の松浦さんも写真班の長谷川さんも元気です。何分波が高いが海驢は一万からおります。大網（注3）で生捕っては次々に檻に入れますが、丈余の波に檻がさらわれそうになり相当苦心しました。第一回には十三頭生捕り、汽車の中で一頭、今朝動物園で一頭、合計二頭仔を産み大成功でした」

写真説明
檻から飛び出すアシカ（注4）＝大阪動物園。

（注1）中田忠一氏は竹島の漁業権を所有したことはなく、誤りである。
（注2）昭和7年から始まった大阪市動物園の第一次拡張計画によって、昭和9年3月に新しいアシカ池が完成した（89ページ参照）。
（注3）原文は「綱」であるが、「網」の誤り。
（注4）大阪動物園のアシカ池に放たれたアシカは五頭である。新聞の写真には、五個のアシカの檻が写っており、一頭ずつ箱に詰められていたことが分かる。左の図は新聞写真の檻に1～5の番号を付したものである。1～3の檻の妻面の板が外されて、そこからそれぞれ1*～3*のアシカが飛び出してきている。4の箱は分からないが、5の箱の妻面の木板はまだ外されていない。おそらく、1～3の檻が最初に同時に開けられ、その後に4と5の檻を開けることになっていたのであろう。

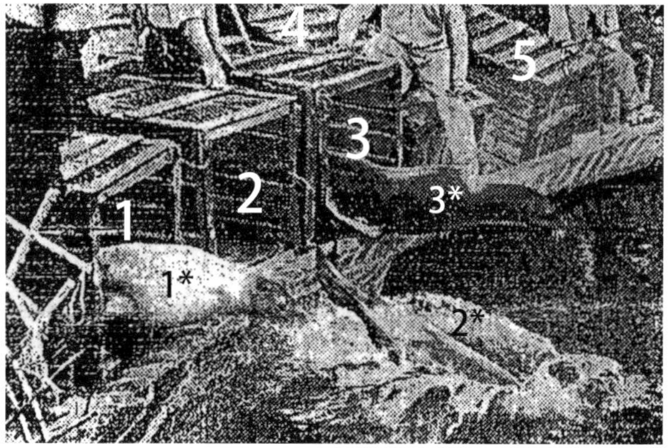

日本海の 海獸狩講演會

六日午後一時 朝日會館

目下本紙に連載、讀者の大喝采を博してゐる日本海の孤島――竹島(リヤンコウ島)におけるアシカ狩の興味ある講演會を開催し紙上の記事以外のいろ／＼な珍說奇談をこの冒險的狩獵に從事した記者や專門家から聽かうと思ひます。なほ同行の長谷川寫眞部員撮影の實況映畫を映寫します。お子さん達同伴、冷房裝置の涼しい會館へおこし下さい(入場無料・滿員次第お斷りいたします)

「無人島の十日間」　本社記者　松浦直治

「隱岐島とリヤンコウ島の海獸海島」　大阪市動物園獸醫　寺內信一

【映畫】壯絕無比の海獸狩實況(撮影、並に說明)　本社寫眞部員　長谷川義一

主催　大阪朝日新聞社

昭和9年7月5日

日本海の海獣狩講演会

六日午後一時　朝日会館

目下本紙に連載、読者の大喝采を博している日本海の孤島―竹島（リヤンコウ島）におけるアシカ狩の興味ある講演会を開催し、紙上の記事以外のいろいろな珍説奇談をこの冒険的狩猟に従事した記者や専門家から聴こうと思います。なお、同行の長谷川写真部員撮影の実況映画を映写します。お子さん達同伴、冷房装置の涼しい会館へおこし下さい（入場無料・満員次第お断りいたします）

「無人島の十日間」　本社記者　松浦　直治

「隠岐島とリヤンコウ島の海獣海島」　大阪市動物園獣医　寺内　信一（注1）

【映画】壮絶無比の海獣狩実況（撮影、並に説明）　本社写真部員　長谷川　義一

主催　大阪朝日新聞社

（注1）「信一」は「信三」の誤り。

朝日會館

今日 日本海の 海驢狩講演會

午後一時より(公演場(主催本社)▽目下本紙に連載、讀者の大喝采を博してゐる日本海の孤島竹島におけるアシカ狩の興味ある講演と實況映畫の會【演題と講師】「無人島の十日間」(本社記者)松浦直治氏▽「隱岐島とリヤンコウ島の海驢海島」(大阪市動物園獸醫)寺內信一氏▽映畫「壯絕無比の海驢狩實況」撮影並に說明(本社寫眞部員)長谷川義一氏=入場無料(滿員次第お斷りいたします)

昭和9年7月6日

朝日会館

今日　日本海の

海驢狩講演会

午後一時より公演場（主催本社）▽目下本誌に連載、読者の大喝采を博している日本海の孤島竹島におけるアシカ狩の興味ある講演と実況映画の会【演題と講師】「無人島の十日間」（本社記者）松浦直治氏▽「隠岐島とリヤンコウ島の海獣海島」（大阪市動物園獣医）寺内信一氏（注1）▽映画「壮絶無比の海獣狩実況」撮影並に説明（本社写真部員）長谷川義一氏＝入場無料（満員次第お断りいたします）

（注1）「信一」は「信三」の誤り。

海驢狩の講演

けふ朝日會館で

大喝采を博す

日本海の無人島リヤンコウ島における本社記者一行の大海驢狩りは連日紙上に紹介し絶好の涼話として大好評を博しつゝあるが、この海驢狩講演と映畫の會を六日午後一時から朝日會館で開催した

記者松浦直治氏の「無人島の十日間」は紙上に現はれぬキャンプ生活の苦心談、珍談などを愛嬌たつぷり公開また大阪市動物園獸醫寺內信三氏は「隱岐島とリヤンコウ島の海驢海島」と題して大阪への輸送中生れた海驢の仔やいろ／＼の海鳥類などの剝製につき、アシカの習性や海鳥の生態壯快な隱岐の鬪牛などを語つて大喝采を博し、續いて一行の實況をカメラに納めた本社寫眞部員長谷川義一氏自ら說明して同映畫を映寫、酷暑にもめげず定刻前から滿堂を埋めた大聽衆に多大の感銘を與へて同三時すぎ閉會した

昭和9年7月7日

海驢狩の講演

きょう朝日会館で

大喝采を博す

日本海の無人島リヤンコウ島における本社記者一行の大海驢狩は連日紙上に紹介し、絶好の涼話として大好評を博しつつあるが、この海驢狩講演と映画の会を六日午後一時から朝日会館で開催した。

記者松浦直治氏の「無人島の十日間」は紙上に現れぬキャンプ生活の苦心談、珍談などを愛嬌たっぷり公開。また、大阪市動物園獣医寺内信三氏は「隠岐島とリヤンコウ島の海驢海島」と題して大阪への輸送中生まれた海驢の仔や、いろいろの海鳥類などの剥製につき、アシカの習性や海鳥の生態、壮快な隠岐の闘牛などを語って大喝采を博し、続いて一行の実況をカメラに収めた本社写真部員長谷川義一氏自ら説明して同映画を映写。

酷暑にもめげず定刻前から満堂を埋めた大聴衆に多大の感銘を与えて同三時すぎ閉会した。

怪偉のアシカ
リヤンコウ大王
遂に射殺さる
大阪動物園の本社納涼展へ
剥製となりお目見得
射止めたリヤンコウ大王＝右が普通のアシカ＝大阪動物園にて

昭和９年８月２日

怪偉のアシカ
リヤンコウ大王遂に射殺さる
大阪動物園の本社納涼展へ
剥製となりお目見得

日本海一の巨獣「リヤンコウ大王」が射止められて大阪入りした―

さきに本紙上に連載した「日本海のアシカ狩」でお馴染みのリヤンコウ大王はその小山のような巨体と恐ろしい力を利用して、時折り漁師の舟を襲って覆さんとし、アシカ網を喰い破るなどしてアシカ漁師の恐怖の的となっていた海の荒獅子だが射殺不可能とされ、二百貫の巨体は四発や五発の弾丸をうけてもビクともせず、島一たいの王者として暴威をふるっていた。

本社員と大阪動物園寺内獣医らの一行が島滞在中も島の不安を除くために、島頭領中渡瀬仁助翁を射殺隊長に、しばしば小舟で大王の「沖の後宮」を襲うて数弾を浴びせたが致命傷とならずかえって逆襲をうけて命からがらテントまで逃げ帰ったが中渡瀬頭領と数名の漁師は一行が島を去った後もなお頑張り、ついにこの大王の身体中タダ一ケ所の急所（こめかみから三寸斜上）を見ごと左右に貫通さして撃ち止め、三町四方殆ど血の海となった中を二艘の舟と七人の漁師で引きずって東島に上陸。ここで解体して毛皮と主要骨格を先月下旬本社宛に贈ってきた。

当時の中渡瀬頭領の覚え書によれば体長九尺五寸、胴廻り一丈一寸、毛皮のみの重さ二十貫という巨獣。従来の学説では日本海、黄海、東支那海、太平洋を通じて本海驢（ユーメトピアス・ボバタ）（注１）の最大記録は体長二メートル八（八尺九寸四分）とされているから、こんどの大王はこの最大記録を抜くことまさに六寸。二十貫の毛皮から推してその体重は二百貫を超えるものと見られ、これも従来の記録百六十七貫を遥かに抜いたもので、林大阪動物園長、寺内獣医らも「アシカ狩として空前の大獲物であり、学界の貴重資料となろう」と舌をまいている。

本社ではこれを剥製標本として製作中、漸く完成したので、大阪動物園に寄付し、同時にいま夜間開園中の動物園内標本館で五日から「リヤンコウ島納涼展」を開催することになった。

出陳は大王を中心にアシカ、オットセイ、アザラシなどの剥製群像、本社長谷川写真部員撮影の涼味とスリル溢るるアシカ狩及び島の生活の写真数十葉、大阪府立農学校教諭で帝展の新進彫塑家岩田千虎《かずとら》氏製作の奇岩怪礁簇立する島の大模型塑像、これを取り巻いて池を穿ち、島から連れ帰った海猫の群を飛翔させるなど、酷熱を駆逐して絶好の清涼郷を現出している（会期五日から二十日まで）。

写真説明
射止めたリヤンコウ大王。＝右が普通のアシカ＝大阪動物園にて。

（注１）連載記事【一】ではユーメトピアス・ジュバタとなっていて、トドとの混乱が見られたが、ここでは生息地の記述から見ても正しくアシカと認識されている。しかし、ユーメトピアス・ボバタは誤りで、当時の学名はユーメトピアス *Eumetopias lobatus* である。『水産動植物図説』（昭和八年）のなかでは、*Eumetopias bobatus* と誤記されているので、これを参照したのかも知れない。

図22 修復して三瓶自然館に搬入されるリヤンコウ大王の剥製（平成５年11月）

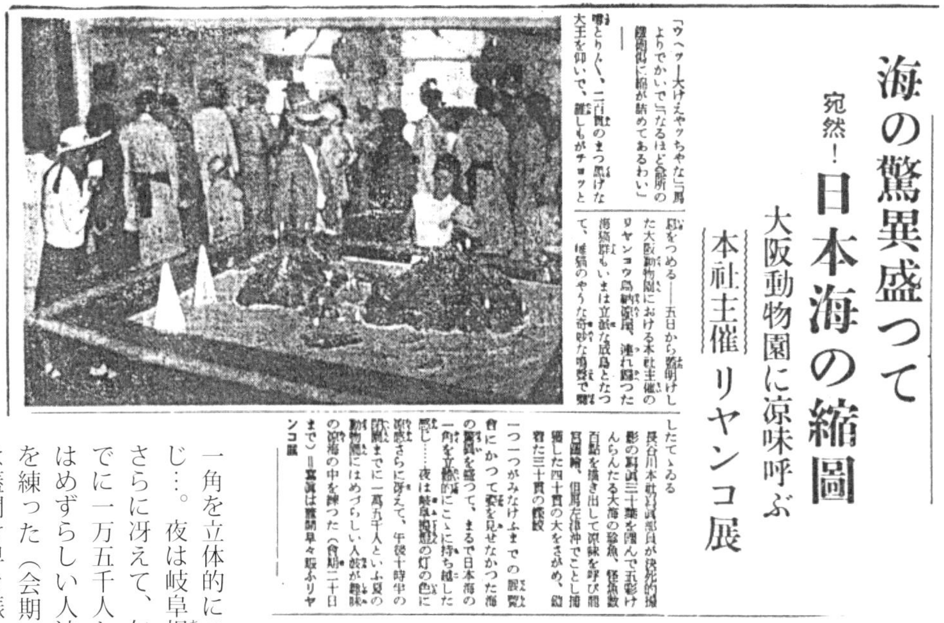

海の驚異盛って
宛然！日本海の縮圖
大阪動物園に涼味呼ぶ
本社主催 リヤンコ展

「ウヘッ―大けえやッちやな」「馬よりでかいで」「なるほど急所の鐵砲傷に綿が詰めてあるわい」―

噂とりどり、二百貫のまつ黒けな大王を仰いで、誰しもがチヨッと息をつめる――五日から蓋明けした大阪動物園における本社主催のリヤンコウ島納涼展、連れ歸つた海猫群もいまは立派な成鳥となつて、雌猫のやうな奇妙な鳴聲で囃したてゝゐる

長谷川本社寫眞部員が決死的撮影の寫眞三十葉を圍んで五彩けんらんたる大海の珍魚、怪魚數百點を描き出して涼味を呼び龍宮圖繪、但馬佐津沖でことし捕獲した四十貫の大をさめ、鎧着た三十貫の蝶鮫

一つ一つがみなけふまでの展覧會にかつて姿を見せなかつた海の驚異を盛つて、まるで日本海の一角を立體的にこゝに持ち越した感じ……夜は岐阜提燈の灯の色に涼感さらに冴えて、午後十時半の閉園までに一萬五千人といふ夏の動物園にはめづらしい人波が趣味の涼海の中を練つた（會期二十日まで）＝寫眞は蓋開早々賑ふリヤンコ展

昭和9年8月6日

海の驚異盛って
宛然！日本海の縮図
大阪動物園に涼味呼ぶ
本社主催　リヤンコ展

「ウヘッ！大けえやッちゃな」「馬よりでかいで」「なるほど急所の鉄砲傷に綿が詰めてあるわい」―

噂とりどり、二百貫の真っ黒けな大王を仰いで、誰しもがチョッと息をつめる―

五日から蓋明けした大阪動物園における本社主催のリヤンコウ島納涼展（注1）。連れ帰った海猫群もいまは立派な成鳥となって、雌猫のような奇妙な鳴声で囃《はや》したてている。

長谷川本社写真部員が決死的撮影の写真三十葉を囲んで五彩けんらんたる大海の珍魚、怪魚数百点を描き出して涼味を呼び龍宮図会、但馬佐津沖でことし捕獲した四十貫の大オサガメ、鎧着た三十貫のチョウザメ。

一つ一つがみな、今日までの展覧会にかつて姿をみせなかった海の驚異を盛って、まるで日本海の一角を立体的にここに持ち越した感じ…。夜は岐阜提燈《ちょうちん》の灯の色に涼感さらに冴えて、午後十時半の閉園までに一万五千人という夏の動物園にはめずらしい人波が趣味の涼海の中を練った（会期二十日まで）＝写真は蓋開け早々賑わうリヤンコ展（注2）

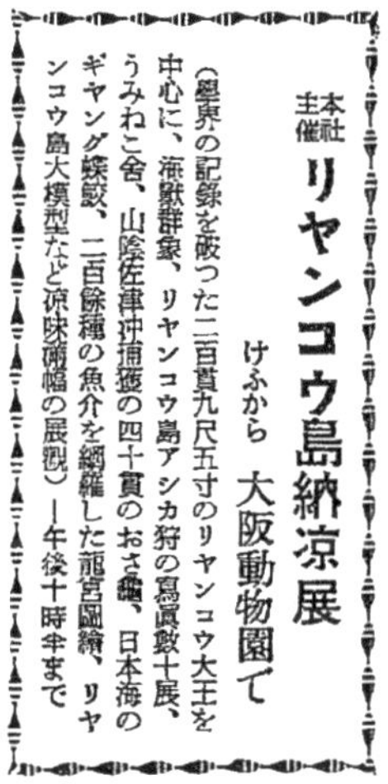

本社主催 リヤンコウ島納涼展
けふから　大阪動物園で
（學界の記録を破つた二百貫九尺五寸のリヤンコウ大王を中心に、海獸群象、リヤンコウ島アシカ狩の寫眞數十展、うみねこ舍、山陰佐津沖捕獲の四十貫のおさ龜、日本海のギヤング蝶鮫、二百餘種の魚介を網羅した龍宮圖繪、リヤンコウ島大模型など涼味滿幅の展觀）―午後十時半まで

昭和9年8月5日

本社主催
リヤンコウ島納涼展
きょうから　大阪動物園で

（学界の記録を破った二百貫九尺五寸のリヤンコウ大王を中心に、海獣群像、リヤンコウ島アシカ狩の写真数十点、うみねこ舎、山陰佐津沖捕獲の四十貫のおさ亀、日本海のギャング蝶鮫、二百余種の魚介を網羅した竜宮図絵、リヤンコウ島大模型など涼味満幅の展観）―午後十時半まで

（注1）原文では「納涼屋」となっているが、これは「納涼展」の誤植。

（注2）この新聞記事の写真に、竹島の大きな模型塑像が見える。先の昭和九年八月二日の大阪朝日新聞の記事では、この模型は「大阪府立農学校教諭で帝展の新進彫塑家岩田千虎《かずとら》氏製作」とされている。

岩田千虎（一八九三〜一九六八）は、一九一五（大正四）年に大阪府立農学校畜産科を卒業。一九二二（大正十一）年から同校教諭となった。一九四三（昭和十八）年には大阪府立獣医畜産専門学校教授となり、戦後は大阪府立大学教授などを歴任し、獣医師を育成。退職後は堺市熊野町で岩田犬猫病院を開院した。

岩田には教育者・獣医師の他に、彫塑家としての顔があった。一九三三（昭和八）年には二科展に初入選、翌年には帝展に初入選している。作品は職業柄、馬、牛、犬、羊などの動物を題材とすることが多く、数え切れないほど多くの動物作品を作ったとされる。

獣医師であったので、大阪市立動物園との付き合いがあったようで、戦前人気を博したチンパンジー「リタ」の像も作製している。

リヤンコウ島納涼展の開催は昭和九年。まさに、岩田にとって芸術家としての黎明期であった。その時期に作製されたのがこの竹島の塑像模型である。動物園内で竹島からやって来たニホンアシカも見ていたはずである。アシカの塑像も制作していたかもしれない。

左の写真は岩田千虎作の馬（右）と牛（左）のブロンズ像（個人蔵）。

『週刊朝日』昭和９年７月22日号に掲載された竹島写真

一九三四（昭和九）年六月に大阪朝日新聞が行った竹島取材は、新聞ばかりでなく週刊誌にも掲載された。長谷川写真部員の撮影した竹島とそこでのアシカ猟の写真は、ほとんど知られていない竹島の様子を伝えるものとして注目されたに違いない。

その大きさは四六４倍判というサイズで262×383 mmあり、見開き頁の写真は鮮明で迫力がある。

説明にある「生まれたばかりのアシカの仔」は誤りで、生後二～三週後の写真である（五十六ページ参照）。

掲載されている八枚の写真のうち、五枚は『中渡瀬アルバム』に収載されている。「リャンコウ島の夕照」と「東島から望んだ西島の絶壁」の二枚の写真は、『中渡瀬アルバム』にも、朝日新聞社にも所蔵されていない写真である。前者は、猟師小屋の上に登って撮影したもので、写真の右下に猟師小屋の屋根の一部が見えている。

日本海のアシカ王国

アシカ王国リヤンコウ島は島根県隠岐郡西郷港から西北百海里。朝鮮鬱陵島の東四十海里にある日本海の孤島である。

東・西二島及び百あまりの岩礁からできている。何千とも知れぬアシカと何十万とも知れぬ海猫（鷗の一種）の棲息地で、全国各地の動物園やサーカスなどのアシカは多くこの島で捕獲され供給されたものである。写真は先日壮快なアシカ狩に同行した本社長谷川写真部員の撮影したもので、アシカ王国の素描である。

写真説明

【上段右から】「リャンコウ島の夕照」、「東島から望んだ西島の絶壁」、「リャンコウ島全景（右が西島 左が東島）」

【中段右から】「見えたぞ！島が見えたぞ！」、「海猫の乱舞」、「生まれたばかりのアシカの仔（西島にて）」

【下段右から】「西島沖の岩礁に上っているアシカの群れ」、「網にかかったアシカ」

『週刊朝日』昭和９年７月22日号（第26巻第４号）２０～２１ページ

II『中渡瀬アルバム』の写真と解説

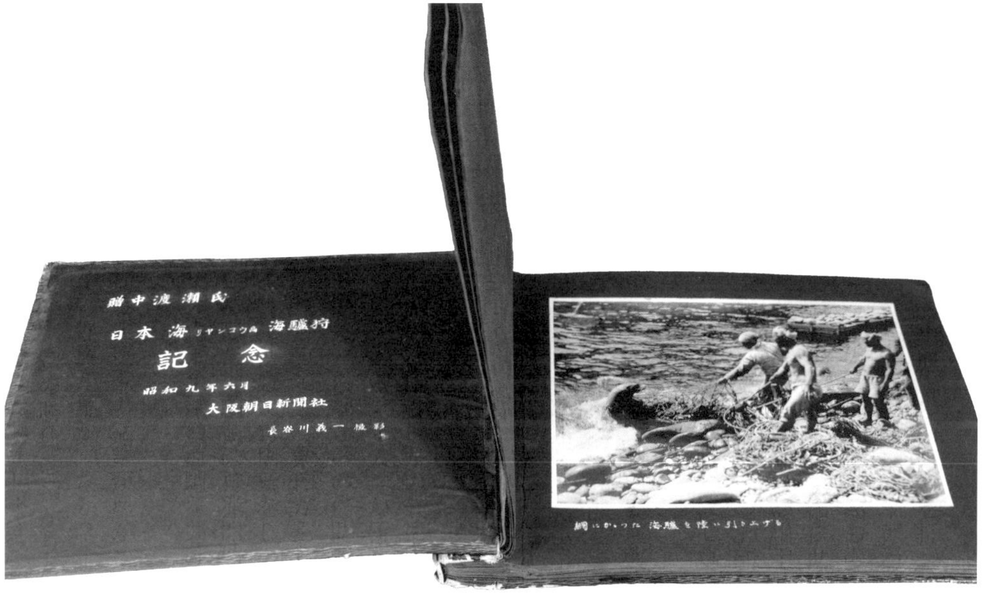

『中渡瀬アルバム』写真の番号・掲載一覧

『中渡瀬アルバム』の写真番号と掲載一覧

『中渡瀬アルバム』の黒色の表見返しには、白いポスターカラーで「贈中渡瀬氏　日本海リヤンコウ島海驢《アシカ》狩記念　昭和九年六月大阪朝日新聞社 長谷川義一撮影」と書かれている。

24枚の黒色の台紙にはほぼ六つ切り大の写真が1枚ずつ貼付されているが、1枚は写真が剥離して失われていた。それぞれの写真の下には白いポスターカラーで写真の説明書きがある。

台紙に貼付された23枚の写真の他に、ほぼ同じ大きさの3枚の写真がアルバムに挟まれていた。

アルバムは「リヤンコウ島全景」の写真のページから始まるが、本書の編集にあたり取材日程順・テーマごとに並べ替えた。また、見開きページの右には写真を配置し、左ページには写真について解説した。

アルバム写真の連載記事への掲載状況と、朝日新聞社における アルバムと同じ写真の保有状況を右の表に示した。

写真番号	タイトル	アルバム帳の並び順	連載記事への掲載	その他の掲載†	朝日新聞社所蔵の有無
1	われらの乗船 神福丸 隠岐西郷港を出帆 昭和九年六月九日	5	なし		無
2	リヤンコウ島見ゆ 船上向かって左より吉田船長、中田氏、松浦記者、寺内技手	3	連載記事 [2]		有
3	リヤンコウ島全景	1	連載記事 [2]	①、③、④	有
4	リヤンコウ島（東島）における一行のテント	2	なし	③、④	無
5	リヤンコウ島（東島）における一行三人 向かって右より松浦、寺内、長谷川	15	なし		有
6	リヤンコウ島（東島）における海驢狩の一行	14	なし		有
7	海驢網の準備	7	なし		無
8	海驢網を張る（西島にて）	8	なし 類似写真：連載記事 [3]		無
9	網にかかった海驢を陸に引き上げる	4	連載記事［3］	①、④、⑤	無
10	捕れた海驢を吊り上げて箱に入れる	13	なし	③、④	有
11	捕った海驢を箱詰めにする	12	なし		無
12	夜の網にかかった二頭の大海驢	17	なし		無
13	夜網にかかった二頭の大海驢	18	連載記事［4］	④	有
14	西島沖の岩礁上に群れ遊ぶ海驢	10	連載記事［1］		有
15	洞窟内の海驢	11	連載記事［8］	④	無
16	群れ立つ海猫（東島にて）	21	なし		無
17	群飛する海猫（東島にて）*	22	なし	①、②、④	無
18	東島の大洞窟における釣魚	6	連載記事［5］		無
19	沖の島の海驢を鉄砲で狙う	9	なし 類似写真：連載記事 [1]	④	無
20	銃の手入れ	19	なし		無
21	あらしの夜　将棋に興ずる人々	20	なし		無
22	島の夜　一行のテントで座談会	16	連載記事［10］		無
23	リヤンコウ舞（東島岩礁上にて）	23	なし 類似写真：連載記事 [11]	④	無
24	リヤンコウ島を後に帰途につく（カンコで見送りの人達）	24	なし	④	無
無貼付1	石原で鉄砲を構える	無貼付	なし		無
無貼付2	銃の手入れ	無貼付	なし 類似写真：連載記事 [1]		無
無貼付3	岩上にしゃがむ中渡瀬頭領	無貼付	なし		無

*（西島にて）の誤り

†その他の掲載：①『週刊朝日』1934（昭和9）年7月22日号　第26巻、第4号
②大阪朝日新聞 1935（昭和10）年6月21日
③『アサヒグラフ』1965（昭和40）年12月31日号
④朝日放送放映「リャンコ―竹島と老人の記録―」1965（昭和40）年11月16日
⑤朝日新聞 1977（昭和52）年3月10日（この記事では昭和19年に橋岡忠重氏撮影となっている）

贈中渡瀬氏

日本海 リヤンコウ島 海驢狩

記念

昭和九年六月

大阪朝日新聞社

長谷川義一 撮影

1 われらの乗船 神福丸 隠岐西郷港を出帆　昭和九年六月九日

【写真の風景】

竹島を目指す取材陣などの一行は6月5日に西郷に到着したが、天候に恵まれず、日和待ちのため西郷で過ごした。9日になりようやく天候は回復し、午後4時に竹島に向けて出航した（図28.1、28.2）。

西郷湾は左右からの山体によって湾の間口が狭くなっている天然の良港で、かつては北前船の風待ち港として栄えた。写真は間口に向かって南に進み、竹島に向かって出航していく船をとらえている。

船は発動機船「神福丸」。焼玉エンジンを載せたポンポン船で、煙突からは、規則正しく煙が上がる。船長は吉田重太郎。明治38年から竹島への渡船を担ってきた。

船の旗や煙は右方になびき、東の風が吹いているのが分かる。影を見ると太陽は右上にあり、午後4時とされる出航時刻よりも高い位置にあるようだ。

写真の人物は、左から中田動物商、松浦記者、寺内獣医、 着物の人物で、船室から顔を出しているのが船長の息子の吉田清次（図28.3）。

着物の人物は、記事にも記述がなくその正体は不明である。隠岐の島町久見の池田京子は、祖父の滝本豊吉に間違いないという。また、アシカ猟の権利を持っていた橋岡忠重は「自分もこのとき竹島に行って、すぐ船で帰った」と証言しているが、記事には二人とも登場せず、真相は分からない。

船はこのまま竹島に向かったわけではない。写真の撮影後に長谷川写真部員も船に乗り込んだはずだ。

船尾には船体番号が書かれている。船首には2本の錨が見え、右舷の錨の柄の部分（シャンク）は2本の木材の間に収まっている。左舷にもこのような木製の構造物はあるが、左の錨は船首に載せてあるだけだ。

操舵室の横には巻き上げ機が見える。マストは1本で、荷揚げに使うアームは認められない。船首と船尾には船舶灯が見える。

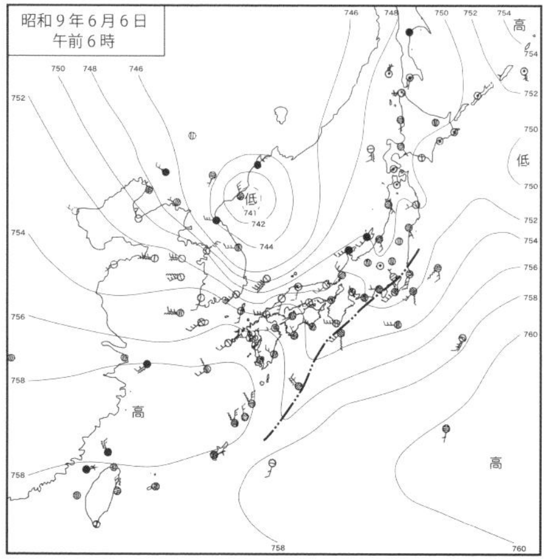

図28.1 昭和9年6月6日午前6時の天気図
発達した低気圧が朝鮮半島東部にあり、東に進んでいる。
（中央気象台 編『天気図』を改変）

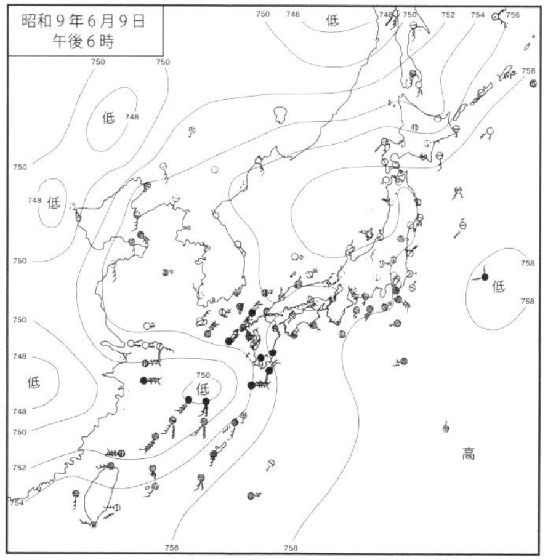

図28.2 昭和9年6月9日午後6時の天気図
高気圧に覆われ、ほぼ快晴。南東の風（あいの風：リャンコ風）に変わった。
（中央気象台 編『天気図』を改変）

図28.3 神福丸の船上での記念写真

図28.4 神福丸の右舷～船首部分

【撮影地点と撮影方向】

隠岐島の西郷湾内にて別の船から、南東南方向に湾を出ていく神福丸を撮影。

我等の乘船　神福丸　隠岐西郷港を出帆　昭和九年六月九日

【写真の風景】

6月10日午前8時、竹島が見えてきた。手前の黒っぽく見えるのが東島。その背後には、灰色に見える西島が一部東島と重なって見えている。

東島の崖に縦に走る白い筋は、地下のマグマが地層の割れ目に貫入してできた岩脈で、粗面岩という火成岩からできている。西島にそびえる山頂は168 mあり、竹島の最高峰だ。また、右端には独特の形をした“タンゴン峰”が見えている。

写真は西方向を撮影しているが、船首がやや北に振れていることから、北方から竹島に回り込もうとしているのだろう。

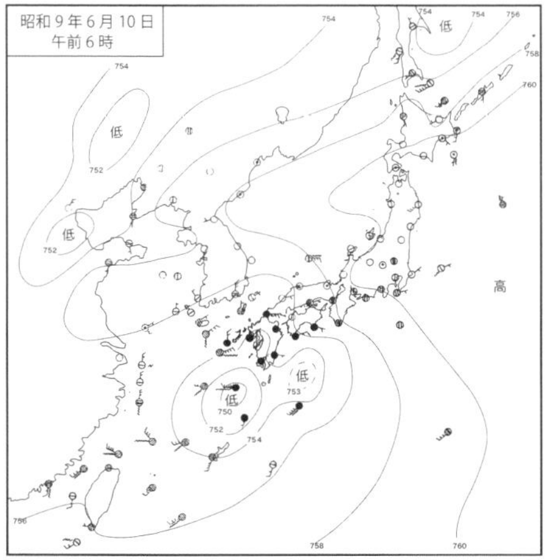

図30.1 昭和9年6月10日午前6時の天気図
竹島付近では等圧線の間隔がやや狭くなっており、風が強かったことがうかがえる。
(中央気象台 編『天気図』を改変)

船首の旗が左前方にはためいていることから、やや強い北東の風が吹いていることがうかがえる。これは、天気図の等圧線の状況とも一致する。海上には白波は立っていないものの、海面にはうねりが認められる。

アルバムの写真説明には、「船上向かって左より吉田船長、中田氏、松浦記者、寺内技手」とある。「写真の左より」でないことに注意が必要で、白いシャツ姿で双眼鏡を覗いているのが松浦記者。その斜め後ろ（写真では手前）にいて、肩ベルトをして双眼鏡を覗いているやや太った人物が中田動物商である。

船首の右舷に5爪（アーム）を有する五爪鉄錨というタイプの錨が見える。木製の錨の置き場（揚錨架《ようびょうか》）に置かれ、木の棒とともに船体に縄で固定されているが、出航時は固定されていなかった（図28.4参照）。竹島に近づくにつれて波が高くなり、錨の脱落を防止するためにくくりつけられたのだろう。なお、もう一つの錨は揚錨架には載っておらず、船首に載せてあるが、錨の爪の一部が縄で固定されているようだ。

この神福丸は、『昭和12年版 動力附漁船々名録』[1]に掲載されている第1神福丸であると考えられる。それによると、船は「漁業別：機船底曳、船体の船型・総噸数：西洋・12、機関の型式・馬力・製作所：石油・30・池見、建造費：3,000円、建造年月：昭和6年11月、船主の住所・氏名：西郷町・吉田重太郎」となっている（図90.1参照）。

アシカ猟の権利を持っていた橋岡忠重は、島根県水産部宛の『竹島漁撈権報告書』（昭和26年）[2]の中で、「たまたま神戸市の中田忠一氏と投資契約成立し、彼の出資を仰いで30馬力13トンの発動機船を入手し」と述べている。建造時期や船の大きさ・性能もほぼ一致するので、これは第1神福丸と考えてよいだろう。取材陣一行が乗り込んだ神福丸の詳細が判明した。

【参考文献】
1）農林省水産局（編）（1937）『昭和12年版 動力附漁船々名録』東京水産新聞社。
2）藤田茂正（編）『橋岡忠重所蔵資料写竹島漁業資料』（私製資料集）。

図30.2 神福丸の船首部分
舳先には、航行中に2本の錨を設置・収納できる揚錨架という木製の台がある。出航時には錨は固定されていなかったが、波が高くなってきたのか、右舷の錨は木棒と縄で固定されている。

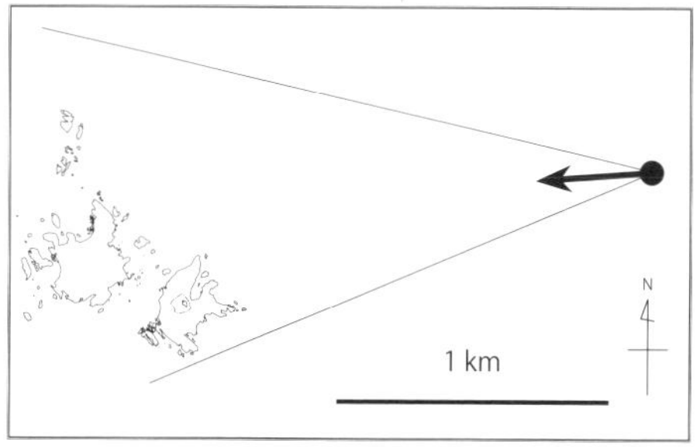

【撮影地点と撮影方向】
東島東北東約1.5 kmの海上からほぼ西方向に撮影。

リヤンコウ島見ゆ　　船上向って左より吉田船長．中田氏．松浦記者．寺内技手．

【写真の風景】

竹島は東島・西島と 100 余りの岩礁からなる。干潮時には 300 近くの岩礁があらわれるという。

アルバムの説明文では、東島と西島が逆に記されているが、この写真が使用された連載記事などでは正しく表記されている。

写真は沖の島にある“大アシカ岩”から撮影されたものである。連載記事［8］には、沖の島に上陸したときの様子が描かれているので、このときに撮影されたものだろう（6 月 16 日と推定）。写真の左は東島で、右の大きい島が西島である。西島の左には“タンゴン峰”、右には“サンジャングン岩”がそそり立つ。

竹島は、地質時代の区分である鮮新世（約 500 万～約 258 万年前）に、海底火山の活動によって誕生した。東島と西島にはほぼ同じ高さで同様の地層が分布しているので、一つの島が浸食作用によって二つの島になったことが分かる。

連載記事［2］によると、「前方に散在する岩礁がアシカの休息所」とある。

沖の島にたたずむアシカはこの写真のような東島と西島の風景を見ていたことだろう。

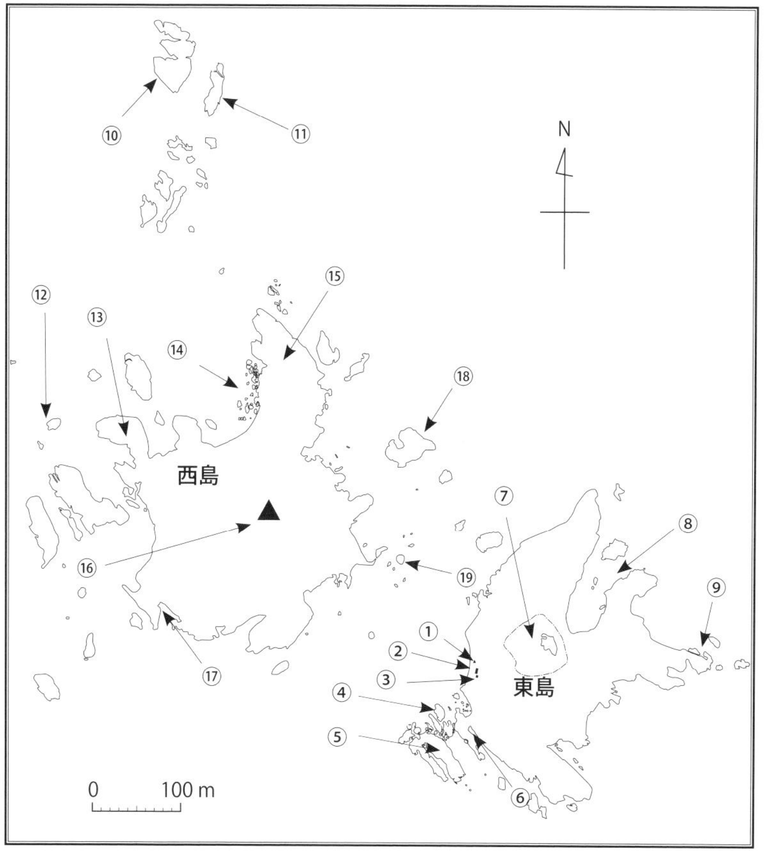

図 32.1 竹島の地図

本書に関連のある名称を示す。和名がないものは韓国の名称の和訳を「“ ”」を付して用いた。岩礁 # は竹島の岩礁に筆者が付した番号である。

① 大阪朝日新聞社のテント
② 石原
③ 猟師小屋
④ 白岩
⑤“扇岩”
⑥ 海食洞アーチ # 2
⑦ 洞窟天井口
⑧ 洞湾
⑨ 海食洞アーチ # 1（象岩）
⑩“大アシカ岩”（沖の島）
⑪“小アシカ岩”（沖の島）
⑫ 岩礁 #7
⑬“サンジャングン岩”
⑭ 産室の浜
⑮“タンゴン峰”
⑯ 西島山頂
⑰ 海食洞アーチ # 3
⑱五徳島
⑲観音岩

注：⑨の象岩は、国土地理院の地図とは位置が異なる。

図 32.2 連載記事［2］の「リヤンコウ島略図」

島の形や方位が正確ではない。図 32.1 と磁北を合わせるために回転させた。この図で西島の西に位置する「アシカの上る岩礁」は、実際は西島の北にある。

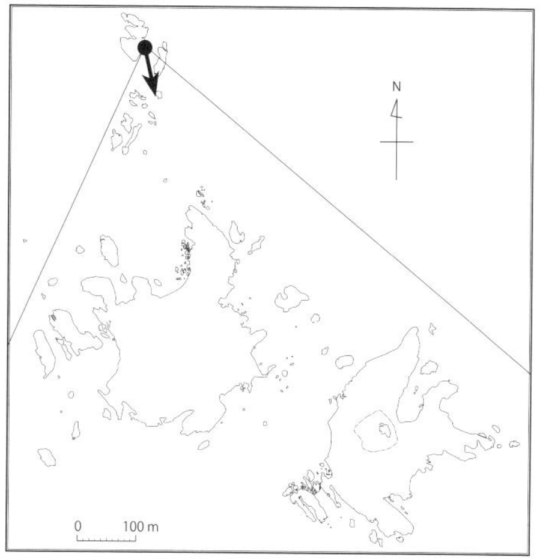

【撮影地点と撮影方向】

沖の島から南東南方向に撮影。

リヤンコウ島全景

西島

⇧

東島の誤り

東島

⇧

西島の誤り

図 34.2 漁師小屋とテントの拡大図

写真中央にアシカを吊り上げる三叉とアシカの檻、横長の猟師小屋の前にはカンコ、右にはもう一つの猟師小屋（住居）が確認できる。テントは 1.5 間× 2 間の大きさのもので、その梁《はり》の長さが 2 間であることから、小屋の大きさなどを類推することができる。

【写真の風景】

東島の山頂と石原にある猟師小屋と取材陣のテントが写っている。写真に写る東島の山頂は 90 m を超え、その平坦地には明治時代に望楼（見張所）が建設されたことがある。テントと猟師小屋間の急峻な斜面を登ると、海食洞の天井が侵食によって崩落した洞窟天井口の縁にたどり着く。

石原には、明治時代からアシカ猟や海産物を採る人たちの住居小屋が築かれていた。写真には 2 棟の小屋が写っており、中央には横長の小屋が、右側には四角い小屋が見える。小屋は海面より一段高い場所に建築されており、小さいほうの小屋はさらに高いところに築かれている。

図 34.1 東島の西側

右の写真を 90 度時計回転したもの。

アシカ猟の権利を持っていた橋岡家には、同じく猟の権利を持っていた八幡長四郎に竹島の海軍用地を貸し出した舞鶴鎮守府司令長の命令書（昭和 16 年 11 月 28 日付）が残っていた[1]。それによると、許容の仮設物は 2 棟で、「住宅　木造平屋　建坪 15 坪」と「作業場及び物置　木造平屋　建坪 25 坪」となっている。

昭和 14、5 年頃に小屋は改修されたが、大きさや形状は変わっていないようだ。アルバム写真の右の小さい小屋は居住用、左の長屋は作業場と物置だったのだろう。

海辺の海中には、大きな石が載ったアシカ檻が海中に沈められている。海岸線近くには、3 本の丸太を上部で結束し、下方を三方に開いた三叉《さんまた》が見える。これは網で捕獲したアシカを吊り上げて箱詰めにする際に用いる道具で、その下には木製の箱檻が見える。

このわずかな面積の石原が、竹島のアシカ猟師の生活の場であった。

【参考文献】

1）藤田茂正（編）『橋岡忠重所蔵資料写竹島漁業資料』（私製資料集）。

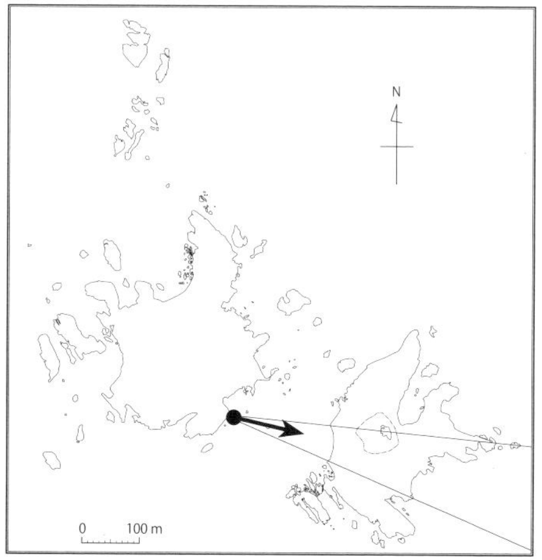

【撮影地点と撮影方向】

西島東南の海食台から東南東方向に撮影したと推定（もう少し東島に近づいて、船上から撮影した可能性もある）。

リヤンコウ島（東島）に於ける一行のテント

5 リヤンコウ島（東島）における一行三人　向かって右より松浦、寺内、長谷川

【写真の風景】

6月10日に竹島に上陸した一行は、東島西岸の石原にある猟師小屋の北側にテントを張った。

2本の支柱からなる家型テントで、人の身長などから推定して、その大きさは1.5間×2間（2.7 m × 3.6 m）のものと推定される。出入り口の扉は南側にあり、支柱の上部から3本の親綱が張られている。また、扉の下にはむしろが敷いてある。

テントの奥行き（梁《はり》の長さ）は2間（3.6 m）なので、これを基準にして以下のように様々な構造物の大きさを類推することができた（図34.2参照）。

①小さい方形の猟師小屋

2間×2間

図36.1 テントの扉の右下のビール瓶

②細長い長方形の猟師小屋

5間×1.5～2間（向かって右側に1間四方の張り出しがある）

③アシカの檻の長さ

1間

④三叉の高さ

3間

写真に写っている人物は、向かって右から松浦記者、寺内獣医、長谷川写真部員である。長谷川写真部員が写っているので、撮影したのは中田動物商ではないかと思われる。背後には五徳島が見える。

寺内獣医がはいているズボンは、ウェストがベルトよりも高い位置にあるハイウェスト仕様である。膝から下は細くなっており、裾に4個のボタンが付いた乗馬ズボンである。

写真をよく見ると、テントの扉の向かって右下付近に、栓が開いた2本のビール瓶がころがっている。竹島に上陸してテントの設置を終えた後、ビールで乾杯したに違いない。そしてその後、この写真や、猟師たちとの集合写真（39ページ）が撮影されたものと考えられる。

ちなみに、この後に一行は、西島に出かけてリヤンコウ大王[1)]に謁見したり、西島の産室の浜で網を使ったアシカ猟を見学する。

昼に行うアシカ猟は昼網と呼ばれたが、昼網は滅多にかかるものではないという。しかし、連載記事［3］によるとこの日の昼網は大成功。猟師はオミキ（御神酒）のおかげだと言い、猟の前に「名物の物凄い地酒『鬼殺し』三升を平らげた」のがよかったと言う。この酒は恐らく取材陣一行がお土産に持ち込んだものだろう。

地酒『鬼殺し』は連載記事でもよく出てくるが、隠岐のどの酒蔵のものかは、まだ不明のままだ。

テントの設営場所は海岸べりで、すぐ背後には崖がそびえる。後日低気圧の影響で、高潮と嵐がテントを襲う（連載記事［9］）。石原の円礫を使ってテントの周囲に防波堤を築いたが、夜になって石が大きな音を立てて波にさらわれた。また、崖の崩落も始まり、大雨の中、全員が猟師小屋に避難することになる。

テント周囲の石原に転がっている大小さまざまな円礫。ただの石ころに見えるが、山から崩落した岩が波によって円磨されたもので、自然の厳しさによって生み出されたものだ。

【脚注】

1）竹島のボス的存在であった大きなオスアシカの呼称。

図36.2 寺内獣医の乗馬ズボン

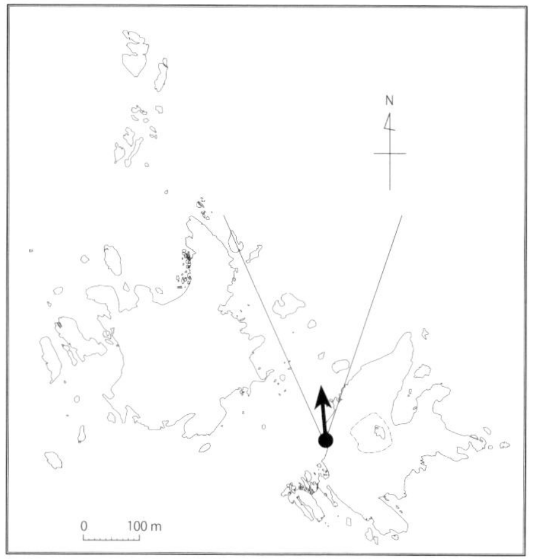

【撮影地点と撮影方向】

東島の西側にある石原からほぼ北方向に撮影。

リヤンコウ島（東島）に於ける一行三人 向って右より松浦、寺内、長谷川.

【写真の風景】

6月10日にテントを設営した後に撮影された竹島のアシカ猟の取材一行と猟師の集合写真である。猟師小屋の方から、五徳島に向けて撮影したもので、一人（図38の⑬の人物）以外は、朝日の絵柄が入った新聞社の手ぬぐいを頭にかぶっている。太陽の影の様子から、正午ごろに撮影されたものと推定される。

連載記事・アルバムに記載の人物を基に検討した結果、若干の不明点は残るが、写真のほぼ全員の人物について明らかにすることができた。

この時、竹島に滞在していたのは15名（取材陣一行：4名、神福丸関係：2名、猟関係者：9名）である。

猟の関係者のうち、池田宰領方として連載記事に登場するのは、アシカ猟の権利を持っていた池田幸一氏[1)]（当時38歳）である。

猟師は長年の猟経験を有する中渡瀬頭領を筆頭に、枡田副頭領、熟練の猟師が2名、若い猟師が2名、老人が1名である。熟練猟師の氏名は不詳なので「猟師1」と「猟師2」と呼ぶことにする。また、若い猟師は、1名の名前が分かっているので、「若い猟師・勘蔵」と「若い猟師2」と呼ぶことにする。

都田佐市は渡航猟師を集めたり、物資の輸送に関わり、アシカ猟そのものにはあまり関与していない。また、老人も猟には携わっておらず、まかないなどの猟師を補佐する仕事をしていたと考えられる。

以下、アルバム写真の人物に番号を付していくつかの特徴を整理しておこう（図38）。

①松浦直治記者…眼鏡着用。

②中田忠一動物商…小太り。眼鏡着用。

③寺内信三獣医…眼鏡着用。乗馬ズボン。

④中渡瀬仁助頭領…膝までのはんてん。わらじ履き。

⑤池田幸一宰領方…下襟のあるジャケットで、前裾は角の付いたスクエアカット。わらじ履き。

⑥吉田重太郎船長…作業服。靴履き。

⑦猟師1…はんてん。

⑧若い猟師・勘蔵…長髪。

⑨都田佐市…下襟のあるジャケットで、前裾は丸みのあるラウンンドカット。わらじ履き。

⑩吉田清次氏（船長の息子）…オーバーオール着用。

⑪枡田定蔵副頭領…黒帯。やや小太り。わらじ履き。

図38 竹島来訪者と猟師の記念写真　　人物の番号については本文を参照。

⑫若い猟師2…半袖白シャツ。わらじ履き。

⑬老人…帽子着用。

⑭猟師2…白い半ズボン。わらじ履き。

○長谷川義一写真部員…写真撮影者のため写真には写っていない。

【脚注】

1）隠岐の島町の久見竹島歴史館の展示パネルでは、「漁業許可者のうち、昭和4年から昭和18年の『池田幸一』は『池田幸市』の誤り」とある。しかし、松浦記者が竹島に続いて執筆した隠岐の連載記事では「池田幸一」となっている（昭和9年7月10日大阪朝日新聞「隠岐の濤声B」）。また、『橋岡忠重所蔵資料写 竹島漁業資料』にある、押印された契約書や覚書などでも「池田幸一」となっているので、ここでは「幸一」を使用する。

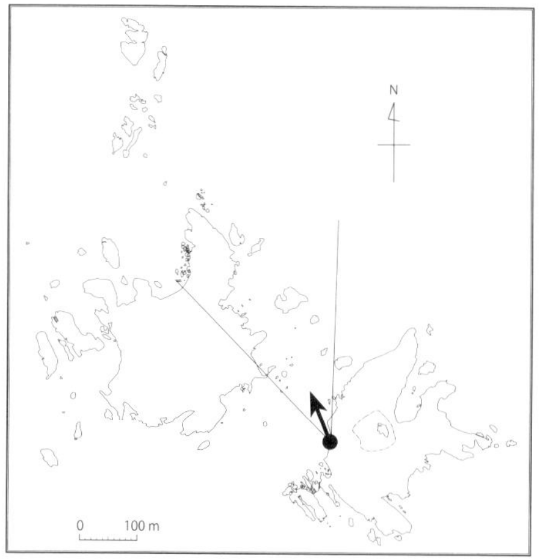

【撮影地点と撮影方向】

石原から北北西方向に撮影。

リヤンコウ島(東島)に於ける 海驢狩の一行

【写真の風景】

テント張りも完了し、記念撮影を終えた猟師たちは、昼網によるアシカ捕獲の準備に取りかかる。写真は石原でカンコに網を積み込んでいる様子である。

写真の右に五徳島の一部が、中央には観音岩が見え、左上には6羽ほどのウミネコが飛んでいる。海辺の海中には丸石が載ったアシカの檻が6～7個確認できる。最も手前の檻の左側には、石が載ったドラム缶様の黒い円筒状の構造物が確認できる。何かのいけすとして使っているのだろうか。

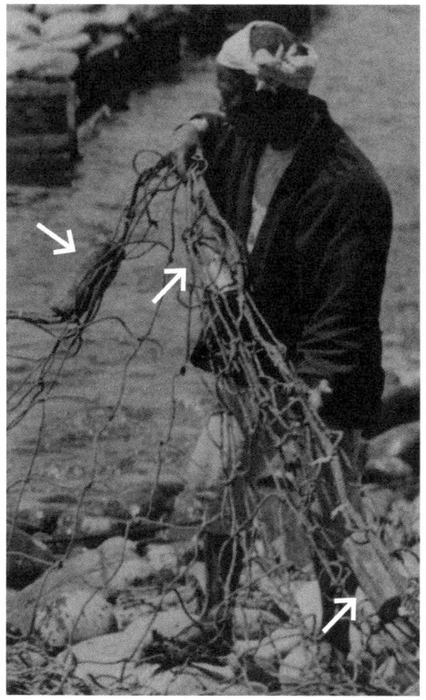

図 40.1 刺し網の上縁の浮子（矢印）

網の大きさは、20 尋× 5 尋（30 m × 7.5 m）。アシカを網目に刺して捕獲するいわゆる刺し網だ。

刺し網の上縁には浮子《あば》を、下縁には沈子《いわ》を付け、網が海中で上下に広がるようになっている。写真では木製と思われる円柱状の浮子が見える（図 40.1 ）。

猟師の体の大きさなどから漁具の大きさを推定すると、浮子の長さは約 8 寸（約 24 cm）。網目の大きさは半目（網目を正方形に広げたときの一辺の長さ）で約 8 寸（約 24 cm）である。

網の上縁には直径が 2 cm 程度の太いロープが伴走しており、所々で網地と結束されている。また、浮子が網目 4 個に 1 個の割合で取り付けられており、その間隔は 3 尺 2 寸（約 97 cm）である。

明治時代に竹島のアシカ猟で用いられた網は、「幅は約 4 尺（1.2 m）、長さは適宜、網の目は 7, 8 寸（21-24 cm）」であった（明治 39 年 4 月 10 日山陰新聞）。今回の猟に用いた網は、網目の大きさは同じだが、網全体の大きさはかなり大きいようだ。

カンコには水棹《みさお》が 3 本載っている。浜には長い丸太が 1 本と短い丸太が 1 本横たわっている。

カンコに乗って網を船に引き入れているのは左から中渡瀬頭領、若い猟師・勘蔵、猟師 1 と推定され、石原で網を整えながら送り出しているのは左から枡田副頭領、若い猟師 2、猟師 2 と考えられる。

猟師の服装に注目してみると、中渡瀬頭領は膝までの丈の長はんてん、猟師 1 と猟師 2 は腰までの黒っぽいはんてん、若い猟師 2 は色の薄いものをまとっている。

このようなはんてんは、動きやすいように袖を三角形のもじり袖（船底型）にしており、隠岐島後では「ダイナシ」と呼ばれていた。「ダイナシ」は「タナシ（タモトなし）」に由来するという。

図 40.2 ダイナシと呼ばれる作業着

隠岐郷土館所蔵。もじり袖（船底型）で、生地は裂き織り。

その生地として明治～昭和の初期には、古くなった布地を引き裂いて紐状にし、麻糸であんだ「つづり（裂き織り）」が用いられた。厚くて丈夫で、山仕事や海仕事で重宝された。

写真では、裂き織りは確認出来ず、その後に普及した手織木綿のはんてんであると思われる。

なお、隠岐郷土館所蔵のダイナシは 1974（昭和 49）年に国指定の重要有形民俗文化財に指定されている。

【参考文献】

牧島知子（2002）「島根県隠岐の裂織りについて－聞き取り調査－」、鹿児島民俗 121 号、2 ～ 11 ページ。

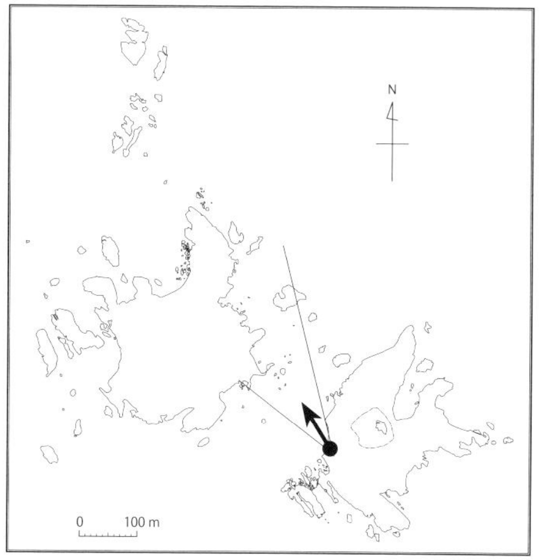

【撮影地点と撮影方向】

石原で、北西方向に撮影。

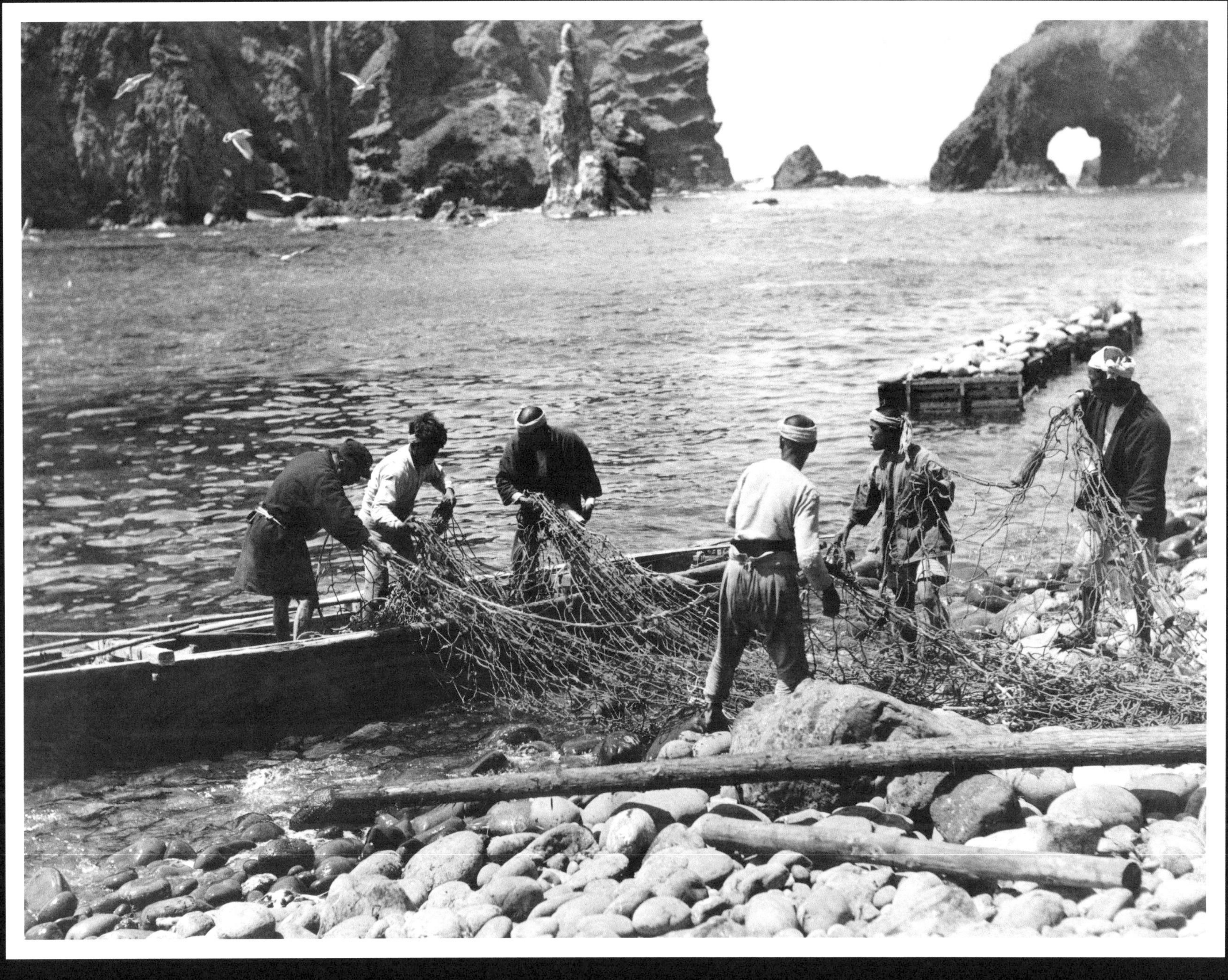

海驢網の準備

【写真の風景】

6月10日の昼網によるアシカ猟の写真である。場所は西島北側の産室の浜。竹島の中でもアシカの生息密度の高いところだ。

連載記事[3]にある写真は、その浜に網を張っているところである（図42.1）。岸辺の岩礁に立つ中渡瀬頭領は網の端を持ち、カンコに乗る三人は操船しながら網を送り出して設置している。カンコの三人は、左から網を広げる猟師1（？）と枡田副頭領、櫂でカンコを操る猟師2と思われる。

この写真の網地の編糸は前項の「海驢網の準備」の写真のものよりも明らかに太い。複数枚の網を積み込んでいたのだろうか。あるいは、網の中には太い編糸のものが混ざっていたのだろうか。

一方、アルバム写真は、網の設置完了後に撮影されたものである。小岩に立っているのは、左が猟師1（？）、右が枡田副頭領で、副頭領は左手で網の一端を摑んでいる。小岩の背後に移動したカンコには2人の猟師が立っており、左側は若い猟師2、右側の人物は櫂を持ってカンコを操る猟師2である。

海面には、手前の岩礁近くと小岩の手前の2箇所に水しぶきが上がっている。これらの水しぶきはアシカが跳ねていることによるものと思われる。

アルバム写真の左側の中渡瀬頭領は手に黒いものを摑んで海に投げ入れようとしている（図42.2）。黒い物体はアシカで、下方に頭頂部がわずかに見えている。アシカは背中を屈曲させており、頭領が後鰭を摑んで海中に投げ込もうとしているところである。頭領の足底から膝までの高さを50 cmとすると、アシカの全長は約1 mで亜成獣と考えられる。

では、このシーンはどのように解釈すればいいのだろうか？以下、私見を述べてみよう。

この産室の浜で中渡瀬頭領は近くにいたアシカを手摑みで捕獲することに成功する。そのアシカを檻詰めしなければならないが、作業場のある東島の石原までそのまま運ぶのは大変だ。網で捕まえて他のアシカと一緒に運ぶほうが好都合だ、と考えたのではなかろうか。1枚の写真はいろいろなことを想像させてくれる。

なお、小岩に立つ枡田副頭領の右後方に写る扇状地状に広がる白色の礫床の上方には水が湧き出る洞窟がある。

図42.1 連載記事［3］の写真の一部を画像処理したもの

図42.2 中渡瀬頭領がアシカの後鰭を掴んで海に投げ込もうとしている

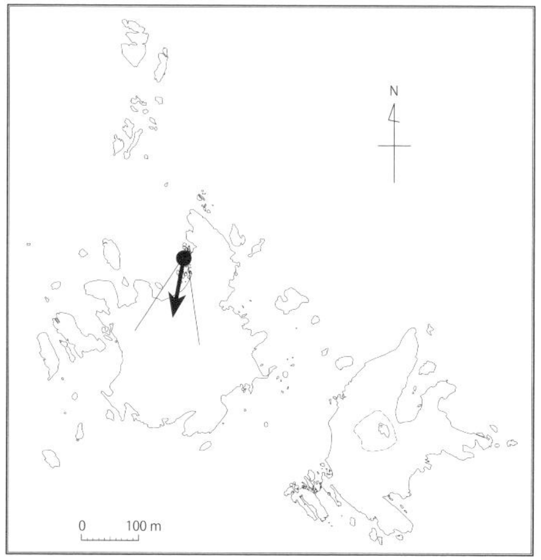

【撮影地点と撮影方向】

西島北側の産室の浜で、南南西方向に撮影。

海驢網を張る（西島にて）

【写真の風景】

声を張り上げながら、網にかかった１頭のアシカを引き上げようとする猟師たち。これに対し、上体を網から出して頭をもたげて漁師をにらみつけるアシカ。アシカ猟の一場面を見事に捉えた写真だ。

写真だけを見ると、石原で網にかかったアシカを引き上げているように見えるが、そうではない。これは西島の北にある産室の浜で網によって捕獲したアシカを、網ごとカンコでえい航してきて、網にかかったアシカを引き上げているシーンだ。

この写真が載っている連載記事［3］では「昼網に捕らえた ” お妃 ” 一頭」とある。写真からもメスアシカの成獣であることは間違いない。

記事には「天幕《テント》張りが済みましたら、昼網をご覧に入れましょう」とあるので、　この写真は竹島に到着した６月 10 日の午後に撮影したものだ。

写真の右上には、海に浸かっているアシカの檻が４個ほど見られ、その蓋の上には重しの石が載っている。写真には写っていないが、その後方にはさらに３個の檻がある（7　海驢網の準備：40 ～ 41 ページ参照）。

檻の写真を詳細に検討すると、この写真に見える手前の檻は、「海驢網の準備」の写真に見える手前の檻と同じものである。つまり、これらの２枚の写真はほぼ同じ時期に撮影されたもので、おそらくこのアシカ猟の前後の写真であると考えてよかろう。

ちなみに、朝日新聞社が保有する「檻に石を積む」写真（82 ページ）に写る最前方の檻は、このアルバム写真の檻よりさらに手前にある。したがって、このアルバム写真より後に撮影されたものだ。

網を引く猟師は、左から若い猟師・勘蔵、猟師２、若い猟師２で、右端に上下肢がわずかに写っているのは都田佐市と思われる。

【写真の拡散】

『中渡瀬アルバム』の写真はアシカ猟の実態を示す写真としてあちこちで使われた。

このアシカを引き上げる写真は迫力があるのであちこちで引用され、国内外に流出し、拡散していった。残念ながら、年代や解釈が誤っているものも少なくない[1]。韓国では「独島のアシカを乱獲によって絶滅させた日本人」という主旨の証拠写真として用いられているから驚きだ。

2014年3月1日発行の東亜出版の検定教科書『高校 韓国史』に掲載されたこの写真。説明には「アシカ猟　独島に生息していたアシカは、日本人の乱獲で絶滅してしまった」とある。また、韓国海洋科学技術院の鬱陵島・独島海洋研究基地・海洋生態館でも、『中渡瀬アルバム』の写真が展示されている。

代表的な拡散ルートは以下の通りである。

①大阪朝日放送

1965（昭和 40）年に大阪朝日放送が番組制作のために隠岐を訪れた際、『中渡瀬アルバム』を複写し、同年 11 月 16 日放映の『リャンコ―竹島と老人の記録―』という番組で、写真の由来を示すことなく使用した。

その後、番組の主役であった橋岡忠重に、取材風景と『中渡瀬アルバム』の一部の写真を取材記念としてアルバムにして贈った（『橋岡アルバム』）。

②隠岐郷土館

1970（昭和 45）年に、隠岐郷土館の開設準備にあたった藤田俊夫は橋岡家の『橋岡アルバム』にあった写真（本来は『中渡瀬アルバム』のもの）を複写し、隠岐郷土館に展示した。藤田は写真の由来の真実を知らなかったため、展示にその由来は記されなかった。この展示写真は複写されて拡散していった。

③　隠岐海洋自然館

1985（昭和 60）年に開設された隠岐海洋自然館では、山陰新報社西郷支局の高梨徳義が『中渡瀬アルバム』を複写した写真を展示した。しかし、詳細な情報は記されなかった。

④島根県竹島資料室

筆者の一人の佐藤は、『中渡瀬アルバム』の複写資料を 2008（平成 20）年に島根県竹島資料室に提供し、同資料室から研究者などに提供された。

【参考文献】

1）井上貴央（2022）「1965 年の朝日放送番組「リャンコ―竹島と老人の記録」と『橋岡アルバム』―竹島アシカ猟写真の拡散の検証」、『島嶼研究ジャーナル』12（1）、32 ～ 53 ページ。

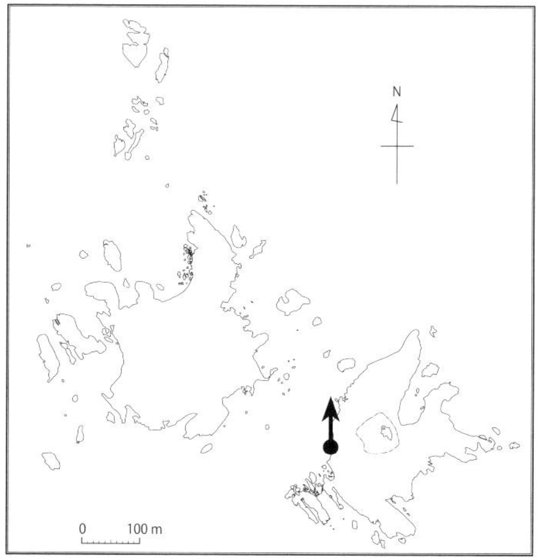

【撮影地点と撮影方向】

東島西側の猟師小屋のある石原で、北方向に撮影。

網にかゝった 海驢を陸に引き上げる

【写真の風景】

石原までえい航してきたアシカがかかった網。浜辺でこの網の一部に、三叉《さんまた》の引き上げ装置の滑車から伸びるロープをくくりつけ、もう一方のロープを引っ張る。アシカは網に入ったまま礫浜を引きずられていき、やがて空中に吊り上げられた。

三叉の高さは約 5 m、頂部には滑車のようなものが見えている。

3 本の丸太の脚どうしは、水平に走る 2 ～ 3 本の角材によって補強され、脚の開閉ができないようになっている。つまり、この三叉は移動式ではなく、海辺に固定したまま用いられていたようだ（図 46.1）。

図 46.1 三叉やぐらの全体像
35 ページのアルバム写真の拡大。

アルバム写真は、アシカの箱詰め作業を南から見たものだ。三叉の右側の脚の丸太の上部には縄が巻き付いていて、丸太を継ぎ足して延長したことが分かる。

また、写真右上に斜めに走る綱は、アシカの入った網を引き寄せるときに三叉の転倒を防止するトラ縄と呼ばれるものだろう。

三叉の直下とその背後にアシカの檻が見える。連載記事［4］によれば、「（網に入ったアシカを）高々と吊るしておいて、下に受け檻を置き、網のまま落とし込んで、蓋をかぶせ、檻の目から鎌を差し出して網を切り、1 頭ずつ自由にして受け檻の横胴を開いて、本檻に追い込み、釘付けして出来上がり」とある。

写真に写る受け檻の構造を見てみよう。受け檻の四方には 4 本の支柱がある。箱の妻面《つまめん》と側面には 3 本の横桟があって、板を縦に並べて壁板を作っている。写真に写る妻面の反対側には、上下に開閉ができる妻板がある（48 ページ）。

写真の左のしゃがみこんで頬づえをついているのは補佐老人、中腰でロープを掴んでいる人物は不詳[1)]、その右隣に立っているのは若い猟師・勘蔵である。檻の後方にいる白シャツ姿は枡田副頭領、黒いはんてんを着ているのは中渡瀬頭領である。さらにその右で檻に手をかけているのは猟師 1、上半身はだかで背中が見えているのは猟師 2、その右奥の猟師は若い猟師 2 で、右には寺内獣医が立っている。

図 46.2 2 種類のアシカの檻
左の檻は吊るしたアシカを下ろして収納する受け檻（E：妻面、S: 側面）。天井板の蓋が開いている。右に見える檻は出荷用の本檻で、妻面（E）の壁板を欠く。

【注釈】

1）受け檻の周囲には、中渡瀬頭領と枡田副頭領の他、5 名の猟師の姿が見える。38 ページの集合写真の他にもう一人の漁師がいた可能性がある。今後の検討課題としたい。

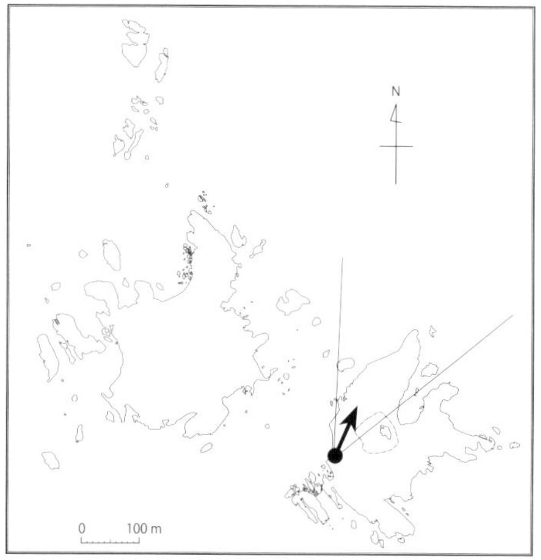

【撮影地点と撮影方向】

石原で北北東方向に撮影。

捕れた海驢を吊り上げて箱に入れる

【写真の風景】

吊り上げたアシカは下ろして、まず受け檻という箱に収納する。

この写真では、「受け檻」の反対側の妻面《つまめん》が見える（図 48.1 の E）。こちらの妻面には中央の横桟がなく、壁板には隙間がない。その上部は横方向に走る角材で固定されていて、こちらの妻面は上下に開閉できる扉のようになっている。

檻の後方にいる人物は池田宰領方で、折り襟の上着に、さらに薄手の上着を着ている。アシカの後方で顔が隠れているのは若い猟師 2 と考えられ、檻の角にいてこちらを向いているのは猟師 2 である。

図 48.1 アシカを木箱に詰める
右のアルバム写真を 90 度時計回転したもの。この受け檻は、左側の妻面(E)が上方に開く扉になっている。

図 48.2 出荷を待つアシカの檻
『中渡瀬アルバム』の「9 網にかかった海驢を陸に引き上げる」（44 ～ 45 ページ）の部分拡大像。

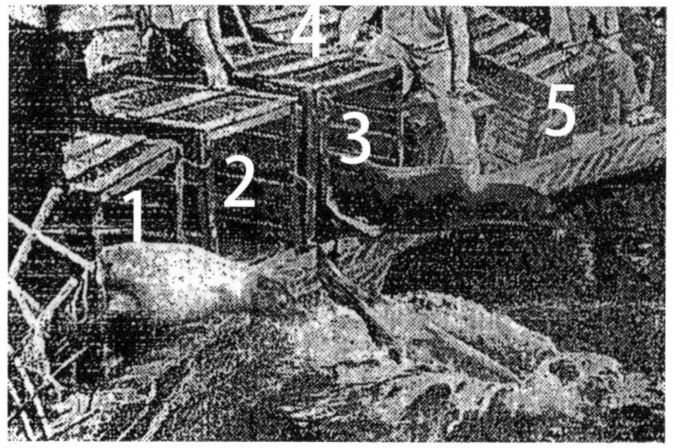

図 48.3 大阪市動物園に運ばれた運搬用の本檻
5 個の本檻（1 ～ 5）が見える。妻面の板が外されてアシカが池に向かって飛び出している（20 ページ参照)。

【アシカの檻詰めと出荷準備】

アシカは網に入ったまま、受け檻に下ろされる。受け檻に蓋をした後、側板の隙間から鎌で網を切ってアシカを解放する。その後、受け檻の扉のある妻面と、出荷用の本檻の板のない妻面を相対して並べ、受け檻の扉を上に開けて、アシカを本檻に追い込む。本檻の妻面に木を打ち付けると出荷準備の完了だ。

1 個の本檻には 1 頭の成獣アシカが収容されたようだ。アシカの入った檻はすぐ近くの渚に運ばれ、檻の下方が海水に浸かるようにして並べられて出荷を待つ（図 48.2)。この間、アシカは海水を飲むだけで、特に食餌は与えられない。この状態でも、アシカは 1 ヶ月程度は大丈夫だという。

先に、テントの大きさから檻の長さは 1 間であると推定した（36 ページ)。この写真で猟師の前腕や手の大きさから受け檻の大きさを改めて計算してみると、長さ 1 間（182 cm)、幅 0.5 間（91 cm)、高さ 0.5 間（91 cm)であった。本檻も同様の大きさだ。

受け檻は、幅約 20 cm の板が側面に 9 枚、妻面に 5 枚縦方向に並べて組み立てられている（図 46.2)。これに対し、本檻の外板は 5 枚程度の杉板が横方向に並べて組み立てられているのが特徴だ（図 46.2、48.2)。受け檻の外板が縦に並んでいるのは、板の隙間から鎌を入れてロープを切断するのに好都合であるからだと思われる。

中田動物商は一足早く 6 月 12 日に竹島を出発し、アシカの入った本檻を大阪に運んだ。6 月 15 日には 5 頭が大阪市立動物園のアシカ池に放たれたが、その時の新聞写真を見ると、妻面の板を外して、アシカを放している様子がわかる（図 48.3)。

アシカにとっては幽閉された檻と長旅から解放された瞬間だ。

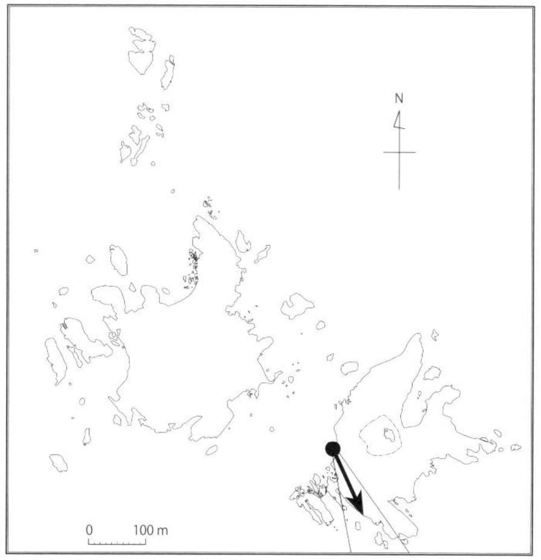

【撮影地点と撮影方向】

石原で、三叉の北側から南南東方向に撮影。

捕った　海驢を　箱詰めにする

【写真の風景】

周囲は真っ暗。わずかに作業用のカーバイトランプ（図52.2）が周囲を照らす。浜辺の暗闇の中から網にかかったアシカが現れた。写真は夜網で捕獲したアシカを網ごとカンコで石原までえい航し、その網を引き上げようとしている場面だ。網には2頭のメスの成獣アシカがかかっている。2頭ともに頭部が網の目に刺さり込んで網から出ている。まさに、刺し網の状態である。

この日、6月10日の天候は良好。天気図を見ると高気圧の後ろに入りつつあり、雲は多いものの海上は穏やかだったと思われる（図50.1）。

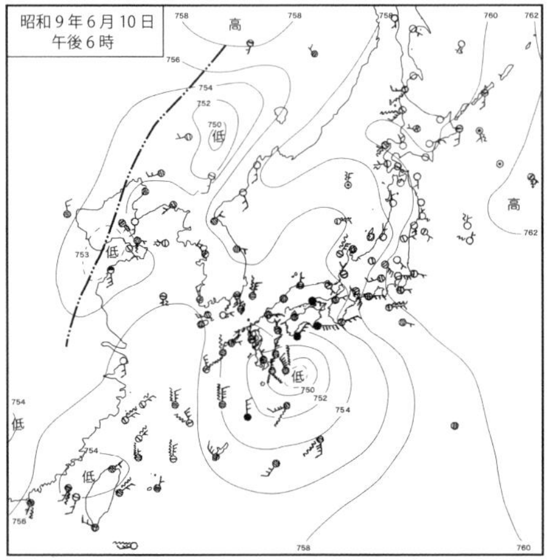

図50.1 昭和9年6月10日午後6時の天気図
（中央気象台 編『天気図』を改変）

月齢は27.6日で下弦の月だ（図50.2）。竹島での月の入りは午後4時54分。午後に雲の合間に見えていた細い鎌のような月が西北西に沈み、その後を追うようにして太陽も沈んでいった。月明かりもない中でのアシカ猟であった。

写真には三本の丸太からなる三叉《さんまた》の1本の丸太と、網の一部につないで網を吊り上げているロープが写っている。

次のアルバム写真ではこのシーンに続いて、アシカを吊り上げる様子が捉えられている。

【夜網】

連載記事[3]と[4]から判断すると、6月10日の午後に行われた昼網に引き続き、その夜にも夜網と呼ばれるアシカ猟が行われたようだ。夜網は日中の昼網よりもアシカがよく捕れるという。

図50.2 昭和9年6月10日の月の様子
Stellarium Mobile（Noctua Software Ltd）による。

連載記事［4］には、「（アシカとヒトの）人獣争闘は東島、西の洞窟前の岩山で行われた」とある。東島は網に捕獲したアシカを箱詰めする場所で、実際に夜網が行われたのは西島の北東ではないかと思われる。

猟師5名を乗せたカンコと、取材陣ら4名を乗せた2艘のカンコが暗闇の海上を猟場に向かって進んでいった。

この日の夜網では4頭のメスアシカが網に一度にかかり一同仰天。しかも、その大きさは大きいもので70貫（262.5 kg）、中サイズで50貫（187.5 kg）、小さいものでも40貫（150 kg）あったという。網にかかったアシカはカンコを引っ張る。沖の島まであと半町（54.5 m）のところまで引っ張られ、岩礁とぶつかりそうな危険な目に遭った。

幸いなことに猟師の機転により、網を2つに分けてアシカを2頭ずつにすることによってアシカの牽引力を低下させることに成功。やっとの思いで東島の石原にたどり着いた。

夜網を記した連載記事［4］には「生け捕ったアシカ10頭を檻詰めに」とする写真が載っている（図50.3）。これは日中に撮影した写真だ。夜の運搬作業は足元も悪くて大変だ。夜が明けてから檻を運搬したのだろうか。

図50.3 生け捕ったアシカ10頭を檻詰めに　連載記事［4］より。

この写真は『中渡瀬アルバム』にはないが、朝日新聞社には保管されている（82ページの写真）。

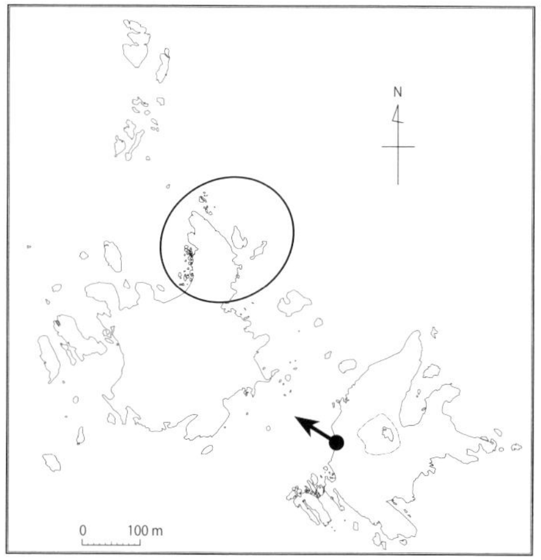

【撮影地点と撮影方向など】

石原で、北西方向に撮影。楕円は夜網が行われたと推定される場所。

夜　の　網にかゝつた二頭の大海驢

【写真の風景】

滑車のロープを引っ張り、網に包まれた2頭のアシカを箱詰にするため、吊り上げる（図52.1）。アシカが2頭入りの重い網は、一人ではなかなか上がらない。助けを求めて、もう一人にロープにぶら下がってもらいようやく吊り上げることができた。

暗闇の中の作業だが、写真の左にはランプの光が見える。ランプを拡大してみると、ランプ傘の付近から黒い管状の構造物が支柱に沿って下方に伸びている。どうやら四角い缶の前で丸く束ねられているようだ（図52.2）。これは作業用の大型カーバイトランプだ。缶はアセチレンガスの発生容器で、ゴム管を通してガスがランプに供給される。

右にはアシカの網の一部をまとめて把持している猟師の姿が見え、その頭部付近には小さな細長い白い点が写っている。この白い点付近を画像処理してみると、アシカの左後鰭が浮かび上がった（図52.1のlPF）。幅の広い親指をはじめ、5本の指が明瞭に見えている（図52.3）。

網には2頭のアシカがかかっているが、手前のアシカは頭部を上に向けて右前鰭が下方に垂れている（図52.1のrAF）。奥方のアシカの頭部は見えていないが、下方にあって逆さ状態になっており、左前鰭が水平方向に網から飛び出している（図52.1のlAF）。

網目を8寸（約24 cm）とすると、前方のアシカの前鰭（手）の長さは34 cmとなり、後方のアシカは前鰭の長さが40 cmを超える大きなアシカだ。

網を摑んでいる猟師は、若い猟師2と考えられる。

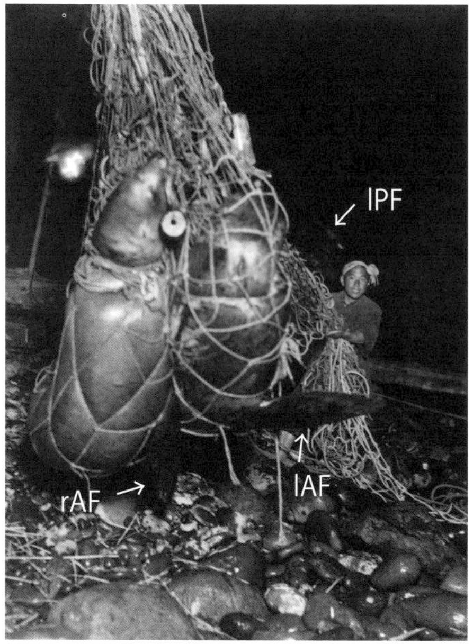

図52.1 夜網にかかった2頭の大きなアシカ

右の写真を90度時計回転したもの。rAF：右前鰭、lAF：左前鰭、lPF：左後鰭。

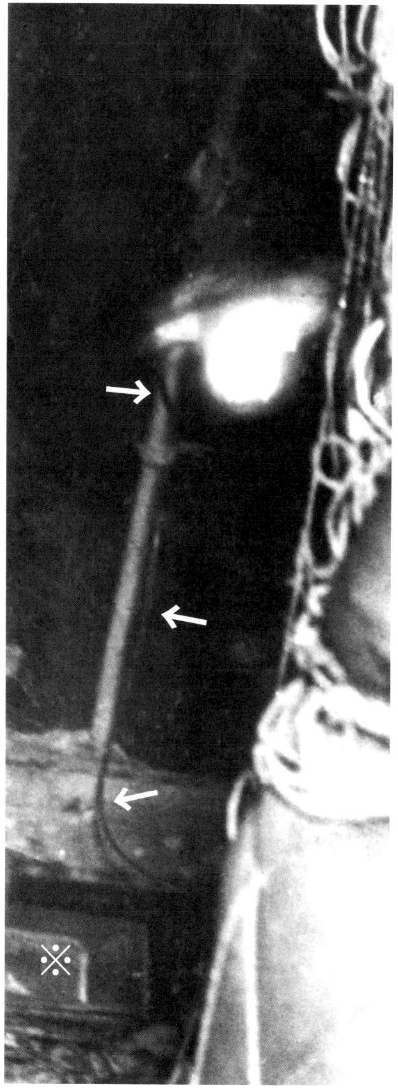

図52.2 夜網の作業に使用された大型カーバイトランプ

アセチレンガス発生容器（※）とガスをランプに導くゴム管（矢印）が見える。

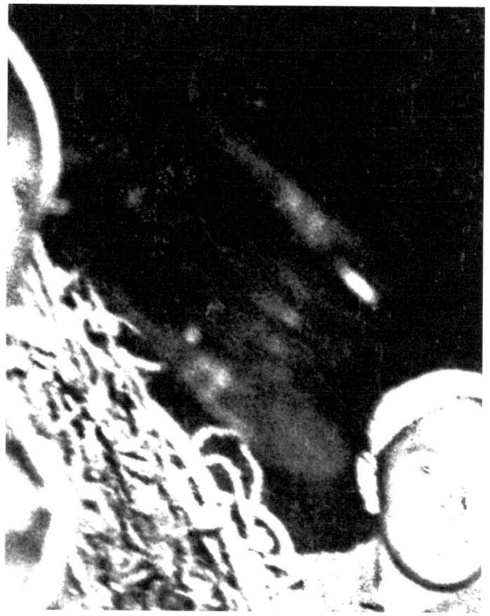

図52.3 アシカの左後鰭

写真の一部を画像処理すると、網からはみ出ていた左後鰭が現れた。

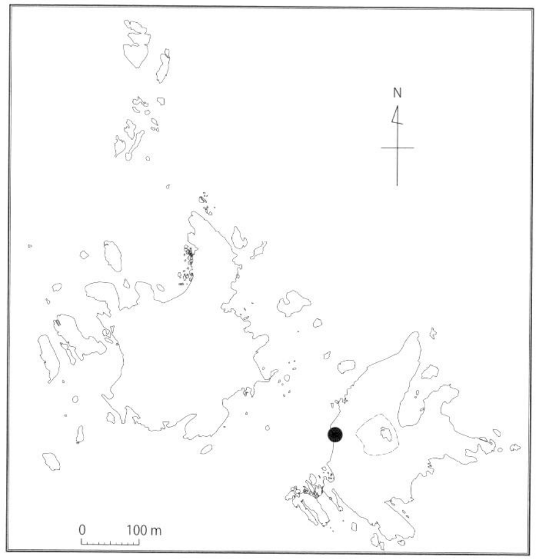

【撮影地点と撮影方向】

石原で撮影。撮影方向は不詳。

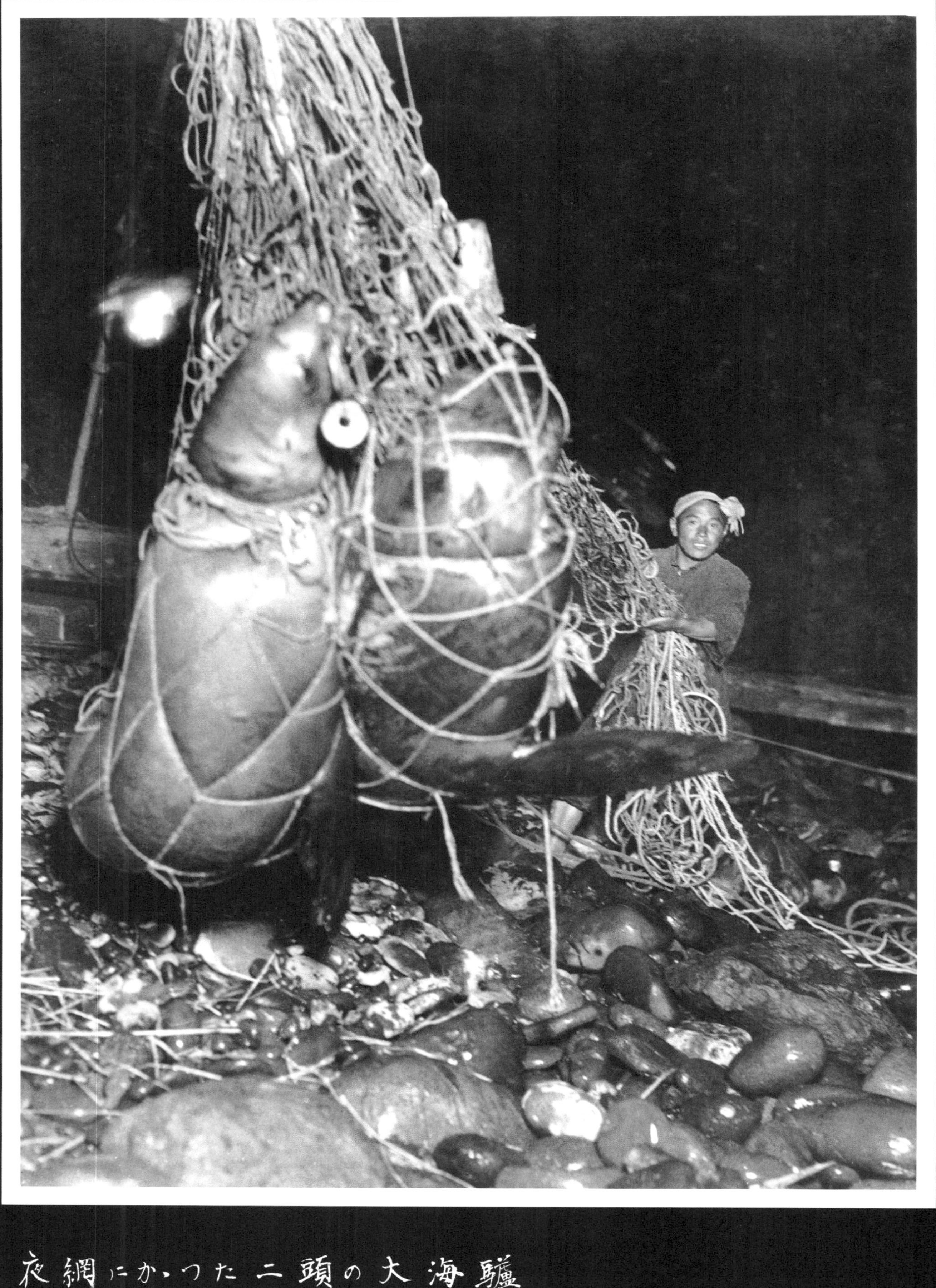

夜網にかゝつた二頭の大海驢

【写真の風景】

アシカがよく上陸する岩礁は西島の北にある岩礁群だ。波に浸食されて平坦になっているものが多く、アシカが上がって休憩したり、繁殖活動の場としてもってこい。

この『中渡瀬アルバム』にある岩礁上のアシカの写真は、ニホンアシカの群れをとらえた唯一の生態写真で、学術的な価値が高い。連載記事[1]に掲載されているが、どこの岩礁か不明だった。

写真に写る岩礁はアシカの大きさから推定して、長さは10 m余りの小さなものだ。アシカが群がる岩礁として知られている沖の島の大・小アシカ岩は、長さが50～80 mもあり、はるかに大きい。

かつて、1940（昭和15）年に竹島を撮影した8ミリ映画に映るアシカと岩礁（図54.1の岩礁#1～6）を詳細に調べたことがあった[1)]。しかし、この中には一致する岩礁は見当たらなかった。

岩礁探しは難航したが、ようやく西島の北西部でそれらしい岩礁が見つかった。図54.1の岩礁＃7である。

アルバムの写真は、岩礁の両端からアシカが海中に飛び込んで遁走する様子を捉えている。岩礁に近づく人の気配に気付いたのだろう。岩礁の上には、さまざまな大きさのアシカがまだ残っている。多少乱れてはいるが、岩礁上のニホンアシカのルッカリー（繁殖地）の一端がうかがえる（図54.2）。

岩礁にある浸食されずに残った黒色の角礫が、アシカの黒いからだと紛らわしい。

岩礁上のアシカを調べると、オスアシカ1頭、メスアシカ7頭、幼獣4頭が確認できた（異なる解釈もある）。

正確なニホンアシカの大きさはまだ分かっていないが、オスの体長（鼻先から尾端まで）は2.3～2.8 m、メスでは1.8～2 m、生まれたばかりの新生獣では60～65 cmと考えられている。

5～7月の繁殖期には一夫多妻のハーレムを形成し、メスは1頭の子供を生むとされている。

図54.2 岩礁上のアシカの群れ
M：オス成獣、F：メス成獣、J：幼獣。

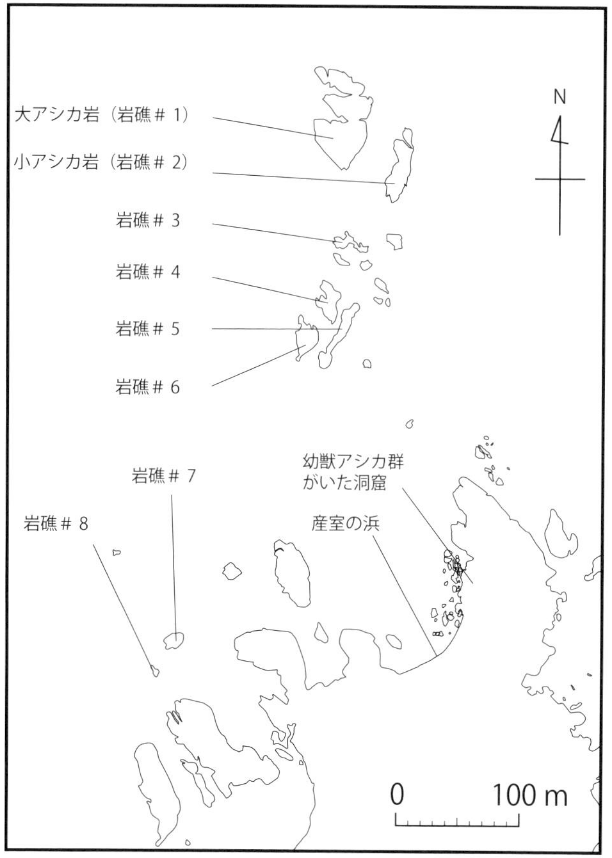

図54.1 西島の北に分布するアシカの上がる岩礁とアシカに関連する地点と地名

【参考文献】
1）井上貴央（2023）「1940年に竹島で撮影された8ミリフィルムの検討」、『島嶼研究ジャーナル』13（1）、32～60ページ。

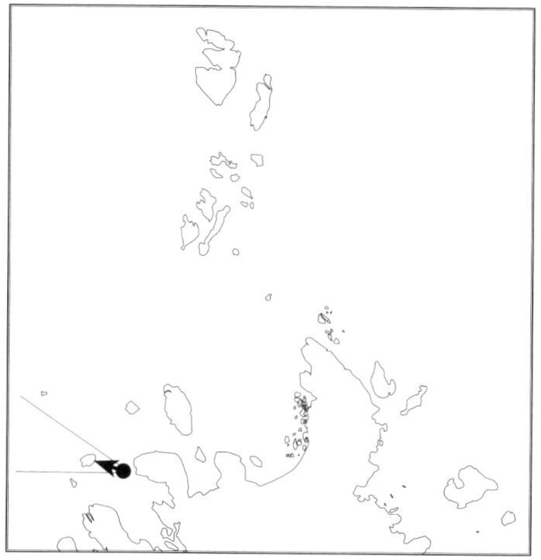

【撮影地点と撮影方向】

西島北西にある小さい岩礁に群れるアシカを、小舟あるいは海岸線近くの岩礁から撮影。

西島沖の岩礁上に群れ遊ぶ海驢

【写真の風景】

アシカのかわいい子供の群れ。何頭いるのか正確にはつかめないが、14 頭はいるようだ（図 56）。アシカの幼獣は群れをなして集団を作る習性があり、このような集団はポッド pod と呼ばれる。

かつて、この写真は「サーカスに出すため捕獲されたニホンアシカの幼獣」として新聞で紹介されたことがある[1]。これは明らかに誤りで、捕獲されたものではなく、自然の姿だ。

連載記事［8］では、「チビ公至って人なつっこく、写真のとおり人が近づいても逃げようともせぬから捕獲はお茶の子だが、繁殖をはかるため手をふれず、厳しく保護している」とある。

写真左には寺内獣医、右には中渡瀬頭領が写っており、左後方には若い猟師 2 が立っている。

『週刊朝日』[2] には、この写真の撮影後にポッドの群れが移動していく写真が掲載されており（24 ページ参照）、その写真は朝日新聞社に保管されている（80 ページの写真）。

撮影日は連載記事や天気図から推定して、6 月 16 日と推定される。

【竹島におけるアシカの出産と子育て】

竹島では、メスアシカは臨月を迎えると、洞窟の中に入り、そこで出産するという。しかし、大アシカ岩などの大きな岩礁でも出産・子育てが行われていた可能性も否定できない。

アメリカ西海岸のカリフォルニアアシカやガラパゴス諸島のガラパゴスアシカの生息環境とは異なり、竹島には安心して出産や子育てができる広い浜辺はない。そのため、安全な出産・子育ての場として洞窟やその周辺を利用したのだろう。

生まれたばかりの新生獣（パップ）の体長は 60 cm たらず。生まれるとすぐに母親アシカの乳首を求め、母乳で育つ。母親アシカは自身の栄養補給のため、海に出て餌をあさる。その間、生まれた子供を安全な所にかくまっておき、帰って来ては授乳する。そういう意味でも、海に近い洞窟付近は絶好の場所だ。

カリフォルニアアシカの場合、母親アシカは出産後約 2 週間で発情する。常時子供に寄り添うことがなくなると、オスのところに通うようになる。そして、子供のアシカは生後 2 〜 3 週間たつと、子供同士が集まってポッドを形成するといわれている[3]。

カリフォルニアアシカと同様に論じることはできないかもしれないが、この写真は生後すぐのものではなく、生後 2 〜 3 週後の写真であると考えられる。

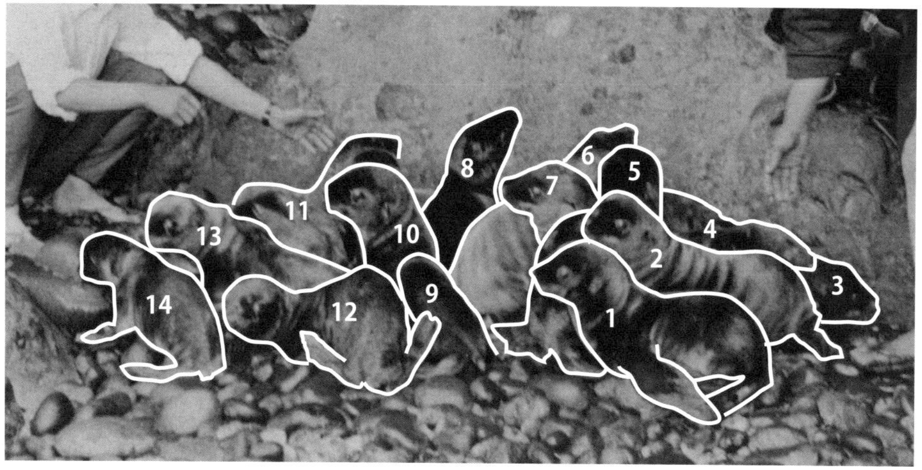

図 56 ポッドと呼ばれる幼獣アシカの群れ
少なくとも 14 頭が確認できる。

洞窟のすぐ前の産室の浜は、幼獣のアシカが泳ぎの訓練をするには絶好の場所だ。ある程度成長した幼獣は母アシカと行動を共にして岩礁上のアシカの群れに加わったことだろう。そういう場面がまさに、前ページの「岩礁上のアシカの群れ」だ。

【参考文献】

1）山陰中央新報 1991 年 7 月 12 日「絶滅前の生態写真あった」
2）『週刊朝日』昭和 9 年 7 月 22 日号（第 26 巻第 4 号）２０〜２１ページ。
3）Peterson R. S. and Bartholomew G. A. (1967) "The natural history and behavior of the California sea lion" American Society of Mammalogists.

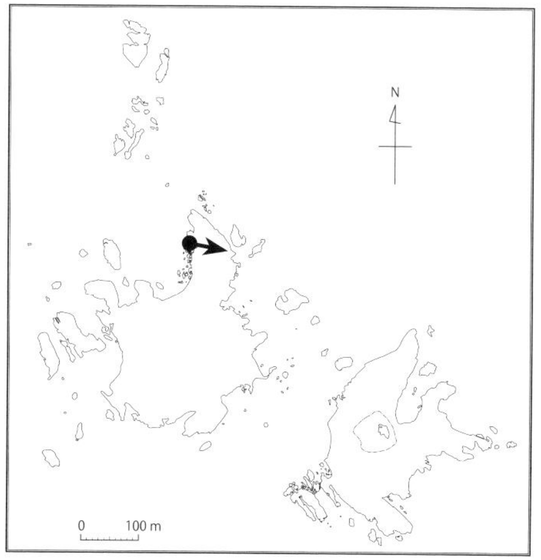

【撮影地点と撮影方向】

西島の産室の浜の北にある洞窟の前で撮影。

洞窟内の海驢

【写真の風景】

「ミャーミャー」、「ニャーニャー」。ネコの鳴き声に似てやかましく鳴き叫ぶウミネコ（海猫）は竹島の名物だ。連載記事［6］によれば、東島北側と西島南側に多く[1)]、3月の繁殖期[2)]には20万羽を超え、一斉に飛び立つと空も暗くなるほどとある。

アルバム写真は東島東端北側の岩礁のウミネコを写したものだ。

【ウミネコ】

ウミネコはコロニー（集団繁殖地）を作り、無人島などで繁殖する。日本では、1922年に島根県出雲市の経島と青森県八戸市の蕪島がウミネコの集団繁殖地として国の天然記念物に

図58.1「うみねこ」の大群―リヤンコウ島西島にて
連載記事［6］

指定され、その後、岩手県陸前高田市の椿島、宮城県女川町の江島、山形県酒田市の飛島が追加指定された。

最大の繁殖地とされる蕪島では約3万羽と推定されている。出雲市の経島では約5,000羽のウミネコが集団繁殖しているが、竹島の猟師は、「経島は（リヤンコウ島の）出店の一軒ぐらいなものだ」という。

アルバム写真には、それほど多くの姿が写っておらず、大集団のイメージは湧かないが、連載記事［6］に掲載された写真ではその一端がうかがえる（図58.1）。また、「鳴き声がやかましくて昼寝もできない」とか、「2、30分も岩礁をうろつけばウミネコの糞で顔も着物もベタベタになる」ということからも、群れのすごさがうかがえる。

同時期に撮影された幼鳥の写真があるが（図58.2）、ヒナの成長状況とウミネコの生態とよく合致する。

記事には、①竹島でふ化したヒナはひと冬だけ越年し2歳になると産卵する、②幼鳥が独り歩きして餌を拾う力がついてくるのを見届けて、親鳥は島から本州の日本海沿岸各地へと飛び去る、③竹島には2歳以上の成鳥はおらず、日本の沿岸各地の成鳥は竹島生まれが多い、とある。竹島の猟師の情報によると思われるこの記述は注目に値する。

本州沿岸の繁殖地では、①のような生態は知られていない。つまり、巣立った幼鳥がそのまま居続けて、翌年産卵するという報告はない。

経島では7月下旬、隠岐では7月中旬に繁殖地を離れ、日本海を北上して北海道周辺に向かうことが標識調査などにより分かっている。隠岐より高緯度の竹島の場合、繁殖した幼鳥がそのまま留鳥として島で生息して繁殖する可能性もあるかもしれない。

なお、北海道周辺の海域で夏を過ごしたウミネコは、10月頃になると南下して11月上旬ごろには経島などの繁殖地近海に姿を現す。そして3月下旬に繁殖地に勢ぞろいするまで

図58.2「うみねこ」の雛－リヤンコウ島東島にて　連載記事［6］

は、付近の港湾や河口などで季節風をさけて越冬する。

【注釈】

1）記事には西島南側とあるが、記事の地図は正確でなく（32ページ参照）、撮影地点から類推すると西島西側が正しい（60ページ参照）。

2）繁殖期とは、交尾・産卵・育児などの繁殖行動を行う時期をいう。「3月の繁殖期」という表現は疑問である。

経島では、3月下旬頃から営巣を始め、4月10日頃から産卵する。5月20日前後がふ化の最盛期で、5～6週間後には巣立ち始める。一度巣立つと島には戻らず、海上生活に入るとされる。

経島より緯度の高い、隠岐の島町布施の平島も集団繁殖地だが、ここでは3月下旬頃から産卵準備に入り、4月に産卵する。

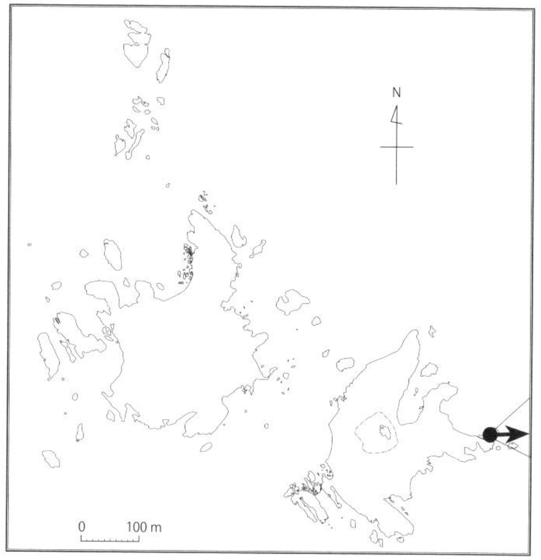

【撮影地点と撮影方向】

東島東端の象岩北部の船上か岩礁から、東方向に撮影。

群れ立つ 海猫　　（東島にて）

17 群飛する海猫（東島にて）[1]

【写真の風景】

前ページに続いて飛翔するウミネコの写真である。説明に「群飛する海猫（東島にて）」とあるが、東島には該当する風景は見出せなかった。

ところが、1935（昭和10）年6月21日の大阪朝日新聞に掲載された同じ写真には「西島の海猫の大群—リヤンコウ島西島にて」とあった。岩場の様子から考えて、西島の西側で撮影されたと考えられ、写真では80羽ほどのウミネコが飛んでいるのが確認できる。

連載記事［6］には、「灰色の岩角を累々と雪のように白く深く埋むるグアノ（鳥糞層）もまた燐酸、窒素肥料として有力な孤島資源で、山陰の肥料会社がすでに目をつけ始めている」とあるが、写真には白い糞らしきものが若干確認できるだけである。

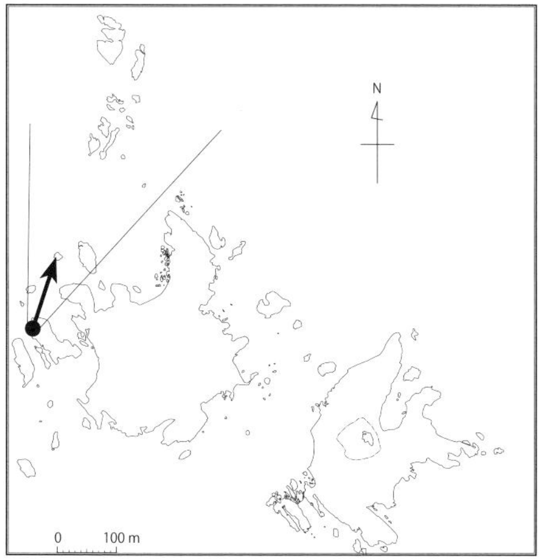

【撮影地点と撮影方向】

西島の西にある島の海食台方面から、北北東方向に撮影と推定。

【竹島のリン鉱石】

経島や蕪島などのウミネコ繁殖地では、ウミネコの排泄物による白い汚染はよく見られる光景だ。

その鳥糞が堆積したものをグアノといい、リン酸、窒素肥料として注目された。

ペルーのチンチャ諸島は乾燥した気候に恵まれ、長い年月のうちに堆積・固化したグアノが分布する。19世紀のはじめ、ドイツの博物学者であり探検家であったフンボルトがヨーロッパに持ち帰り、肥料としての有効性が脚光をあびた。

日本でも、沖縄本島の南東にある沖大東島（ラサ島）でグアノが採掘されたことがあった。ここではサンゴ礁の石灰岩とグアノに含まれる燐酸が反応して硬いリン鉱石となり、それが採掘されていた。

竹島には本当にリン鉱石があるのだろうか。昭和10年5月、鳥取県の安島為三郎・小林源太郎の両氏が、大阪鉱山監督局に竹島のグアノによるリン鉱石試掘願を提出した。

これに対して、アシカ猟の権利保有者であった八幡長四郎、橋岡忠重、池田幸一の諸氏は、アシカやウミネコの動物保護の観点などから反対を表明した（図60）。

富か、鳥の樂土か
海驢の島で鳥糞採掘願に
地元から大反對の嘆願

日本海の離れ島中における海驢獣の樂土「リャンコウ島」をめぐつて鑛業と天然保存との紛争が物すごい渦を捲いて流れはじめた――ことの起りは先月初め大阪鑛山監督局へ米子市加茂町安島爲三郎、鳥取縣西伯郡大和村大字小濱小林源太郎の兩氏から、島根縣隠岐島廳所管リャンコウ島におけるグアノー（鳥糞）による

西島の海猫の大群

図60 鳥糞採掘願に反対
大阪朝日新聞
昭和10年6月21日

大阪鉱山監督局の楢崎研次技師は昭和11年に『竹島海獣糞燐鉱調査報告書』を作成した[2]。その内容は「花崗岩の上に海獣及び海猫が棲息し多年に渡り排泄物を堆積蓄積せしものにして[3]、その厚さ最も大なる箇所に於て2 m 80 cmにして、少なる地点にありても1 m 30 cmを有す」という信じがたいものである。

1941（昭和16）年7月11日大阪毎日新聞島根版は、リン鉱石採掘に対して「リャンコの漁師どもはせせら笑った。リャンコへ来たこともない権利者に何が出来るものかと。（中略）—リャンコに燐鉱なんか、あるもんですかい。南洋の島ならいざ知らず、雨と湿気の多いリャンコへ、たといどんなに鳥糞が積もってたとしても、次から次と流れてしまいますよと“リャンコの男”たちは笑っている」と伝えている。

【注釈】

1）アルバム写真の説明タイトルの（東島にて）は（西島にて）の誤り。

2）田村清三郎（1965）『島根県竹島の新研究』107ページ。

3）竹島は火山噴出物からなる島で、花崗岩はない。また、アシカの岩礁上の排泄物は波によって洗い流されてしまうので、海獣のグアノが形成されているとは考えがたい。

群飛する海猫　（東島にて）

【写真の風景】

竹島に着いて２日目、一行は東島北部の洞湾から島の中央にある洞窟天井口の真下に入って魚釣りを楽しんだ（図 62.1）。

連載記事では、島の山頂部から海に落ち込んだ地形を火口としているが、噴火活動によって出来たものではない。これは浸食作用によって海食洞の天井が崩落し、天井に大きな穴が生じた崩落地形である。その高さは180尺(54.5 m)、直径は1町(109 m）ほどあり、三方に洞窟が続いているという。

図 62.1 東島の洞湾奥での魚釣り
右の写真を 90 度時計回転したもの。

この写真は洞窟天井口の真下で魚釣りに興じる様子をとらえたもので、天井口の真下から、海食洞の入り口に向けて写したものだ。長谷川写真部員は、別のカンコに乗っていて、そこから撮影したものだろう。連載記事 [5] には別の方向から撮影した写真が掲載されている。

カンコに立って水竿《みさお》を持っているのは枡田副頭領、左から３人目のこちらを向いて餌を付けているのが若い猟師・勘蔵である。一番右の長い釣り竿を持っているのが寺内獣医、その左で腕を上げているのが中田動物商、枡田副頭領と勘蔵君との間の背中の見えている人物が松浦記者と考えられる（図 62.2）。カンコの中央には箱メガネが載っている（図 62.3）。

中田動物商の姿が写っているので、この写真は中田動物商が一足先に竹島を離れた６月 12 日以前に撮影されたものだ。連載記事の内容と天気図から判断して、６月 11 日に撮影されたものと思われる。

天井口の真下に入って周囲を見渡すと、円筒形状の切り立った崖。風もピタリと止み、寒々としている。ここは真冬の大しけのときにはアシカの絶好の避難所になるという。

図 62.2 魚釣りに興じる一行（右ページ写真の一部拡大）
カンコや釣りに興じる人々には上方から光があたっており、カンコが洞窟天井口の直下にあることがわかる。

緑色の海面下にはワカメ、テングサ、ホンダワラが密生しているが、風や波がないためこれらの海藻が揺らぐことはない。カメノテを餌にして釣り糸を垂れると、オコゼ、イトヨリ、ウミタナゴ、グチ、カレイ、スズキ、ヤリイカなどの群れがやって来て、入れ食い状態。20 分で大きなバケツに２杯も捕れたという。

図 62.3 箱メガネ
箱メガネの左は餌を付ける若い猟師・勘蔵、右は中田動物商。

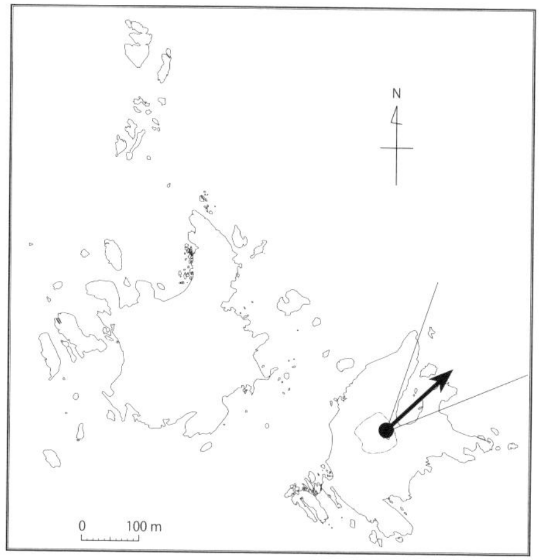

【撮影地点と撮影方向】

東島の洞湾の奥にある洞窟天井穴の下から洞湾の入口の方に向かって、北東方向に撮影。

東島の大洞窟に於ける釣魚

【写真の風景】

中渡瀬仁助頭領が銃を構える。アルバム写真の説明には「沖の島のアシカを狙う」とある。黒っぽいハンチング帽子をかぶり、上着の上から腰に銃弾ベルトを装着し、白いズボンをはいている。左手で銃身を保持し、狙いを定め、右手で引き金を引こうとしている。

浜から沖の島のアシカを狙える場所は西島の産室の浜付近しかない。写真の撮影地点をその付近と考えてあらゆる角度から検討したが、一致する背景の岩影は見つからなかった。

図 64.1 1953 年 6 月 27 日に島根県と海上保安庁の合同調査のときに撮影された写真

石原の北から南西方向に撮影。白枠の部分のシルエットがアルバム写真の左上の島や岩のものと一致した。S:白岩、O:“扇岩”、H:東島山裾。隠岐の島町所蔵。

撮影地点が判明したきっかけは、1953(昭和 28)年 6 月 27 日に、島根県と海上保安庁が合同調査の際に撮影した写真(図 64.1)だった。2 艘のボートの背後に白岩と“扇岩”が写っており、その輪郭がこの写真の背景と一致した。分かってしまえばたやすいが、「沖の島のアシカを狙う」という説明を信じたがために、かなり時間を費やしてしまったことを悔やんだ。

アルバムのこの写真は西島で撮影されたものではなく、猟師小屋近くの石原の巨岩に肘をついて、銃口を西島に向けている写真であった。まして、「沖の島のアシカ」を狙ったものではなく、銃を構えるポーズをとらせて撮影した写真であった。

中渡瀬頭領が銃を構えて寄りかかっている巨岩は、別のアルバム写真の「岩上にしゃがむ中渡瀬頭領」の岩と酷似している(図 64.2)。おそらく、同じ岩のところで、銃を構える写真と、岩の上にしゃがむ記念写真を撮ったものだろう。

なお、このアルバムの写真は、連載記事[1]にある写真と一見同じものに見える。上着やズボンのしわは一致しているが、波の形状や撮影位置が微妙に異なっており、別写真である。この連載記事の写真は、朝日新聞社に保管されている(83 ページの写真)。

【鉄砲によるアシカ猟の変遷】

古くは江戸時代、本格的には明治時代。これらの時代に竹島で行われたアシカ猟では、撲殺、銛による刺殺、鉄砲による銃殺によってアシカが仕留められた。毛皮や革にしたり、皮下の脂肪から油を採るためであった。

明治時代には石原で捕獲したアシカを解体し、皮を剝いでその下にある皮下脂肪から油を煮出したり、肉は乾燥させて肥料として利用された。

昭和時代になると、アシカの利用目的が大きく変化した。解体して毛皮や油を採ることは次第になくなり、サーカスや動物園からの需要を受けて、アシカの生け捕りが主な目的になった。したがって、原則として鉄砲を使ってアシカを殺すことはなくなった。しかし、アシカを捕獲した網がカンコごと引きずられたりして捕獲が困難となったり、猟師が身の危険を感じたときには銃を使ったという。

図 64.2 岩上にしゃがむ中渡瀬頭領

『中渡瀬アルバム』に挟みこまれていた写真。

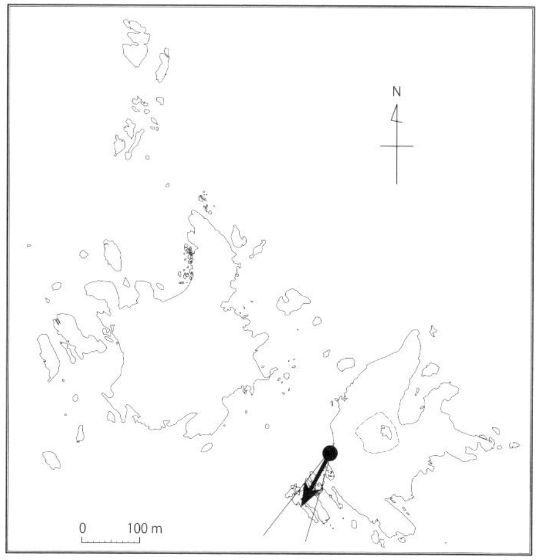

【撮影地点と撮影方向】

東島の石原から白岩の方に向かって、南西方向に撮影。

沖の島の海驢を鐵砲で狙ふ

【写真の風景】

猟師小屋の内部がうかがえる唯一の写真。ムシロの上にゴザを敷き、その上に中渡瀬頭領が座って銃の手入れを行っている（図 66.1）。

写真右上には 2 個のランプの一部が見え、壁には白い紙が張ってある。なんだろうかと思って画像を処理すると、牀座《しょうざ》に座る弘法大師の御影と光明真言《こうみょうしんごん》曼荼羅が現れ、御札であることが判明した（図 66.2）。

アシカ猟師たちが普段暮らす西郷町（現：隠岐の島町）には、隠岐国分寺がある（昭和 9 年 3 月に境内が国史跡に指定）。この寺の宗派は東寺真言宗であるが、真言宗の寺ではこのような御札が配られることがあり、そこから入手したものかもしれない。

写真の右上には 2 個のランプの一部が見える。床にはゴザや毛布が敷かれ、その上には木製燭台があって、2 本の百目《ひゃくめ》ろうそくが燃えている。

燭台の右には白い小箱と黒い棒状のものが見える。前者を画像処理すると、「チェリー」という当時の両切り煙草のパッケージであることが分かり（図 66.3）、後者はシガレットホルダーであった。

壁には 2 本の銃弾ベルトがかかっており、ベルトには 20 個の弾丸が装着できたようだ。ベルトの横には村田式猟銃が 1 挺立てかけられている。手入れしている銃には負革《おいかわ》というベルトがついているが、立て掛けてある銃にはついていない。

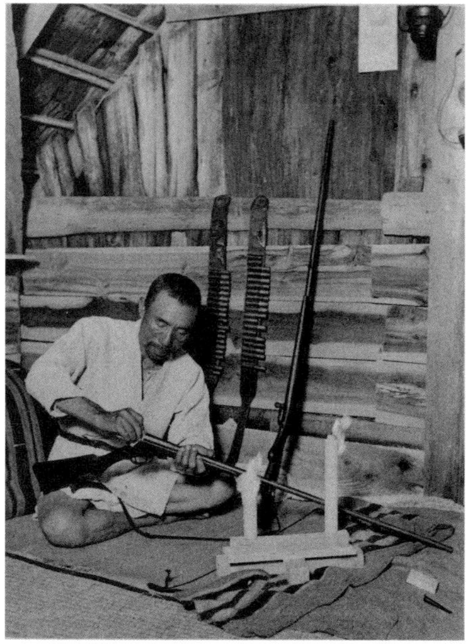

図 66.1 猟師小屋で銃の手入れ
右の写真を 90 度時計回転したもの。

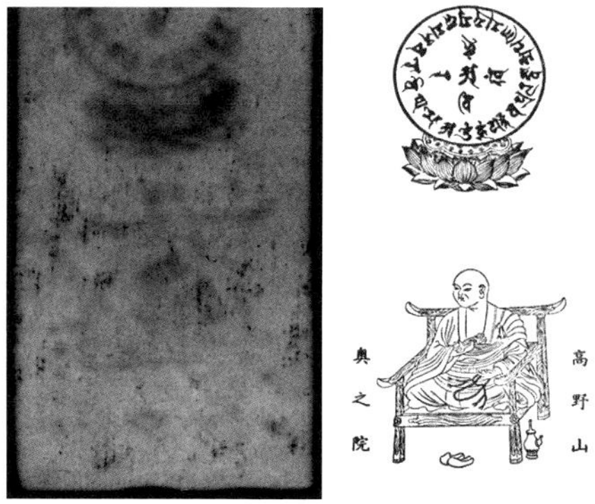

図 66.2 弘法大師の御札（左：白い紙片を画像処理、右：高野山奥の院の御札）

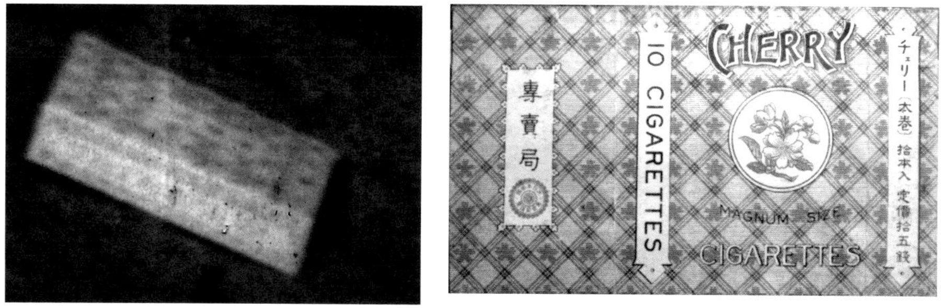

図 66.3 白い箱を画像処理したもの（左）と戦前の「チェリー」タバコのパッケージを展開したもの（右）。「専売局」と標記のある裏面と、「10 CIGARETTES」と標記のある側面が写っている。

【村田式猟銃】

中渡瀬頭領が使用した銃は村田式猟銃である。その前身は村田銃で、薩摩藩出身の村田経芳《つねよし》によって、1880（明治 13）年に最初の国産銃として開発された。開発された年号により、13 年式、18 年式、22 年式などと呼ばれる。明治 2、30 年ごろよりこの軍用銃は改造されて民間に払い下げられたり、国内のいくつかの銃砲店で新たに猟銃として製作されたりした。このような猟銃は村田式猟銃と呼ばれ、戦前まで日本の猟の主役をなした。

朱（2016）[1] は、隠岐の島町久見の八幡家に秘蔵されてきた銃（図 66.4）が、連載記事［1］の銃と一致したので、この銃を使ってアシカ猟をしたと述べている。しかし、この銃は、1850 年代に英国で開発され、日本には幕末に大量輸入されて西南戦争の頃まで使われたエンフィールド銃であり、中渡瀬頭領が使用した村田式猟銃ではない。

図 66.4 八幡家に伝わる鉄砲（現在は八幡幸春氏所蔵）

【参考文献】

1）朱剛玄《チュ·ガンヒョン》（2016）『独島アシカ絶滅史－隠岐見聞録：種の絶滅に関する反文明的記録』216 ～ 217 ページ（韓国語）。

銃の手入れ

【写真について】

『中渡瀬アルバム』では、このページの写真が脱落していて、その行方は不明である。

1965（昭和40）年秋に、朝日放送がアシカ猟の権利を持っていた橋岡忠重（図91.2 参照）の取材を行い、『リャンコ－竹島と老人の記録－』という番組を製作・放映した。このとき、『中渡瀬アルバム』を複写し、取材風景の写真とともにアルバムを作成して同氏に贈呈した（『橋岡アルバム』）。その中に、この「あらしの夜 将棋に興ずる人々」の写真があった。

右の写真は著者の井上が1992（平成4）年に複写したものである。残念ながら現在では『橋岡アルバム』の所在は確認できない。

【写真の風景】

昭和９年６月19日の夕刻、竹島に低気圧が近づいてきた（図68.1）。

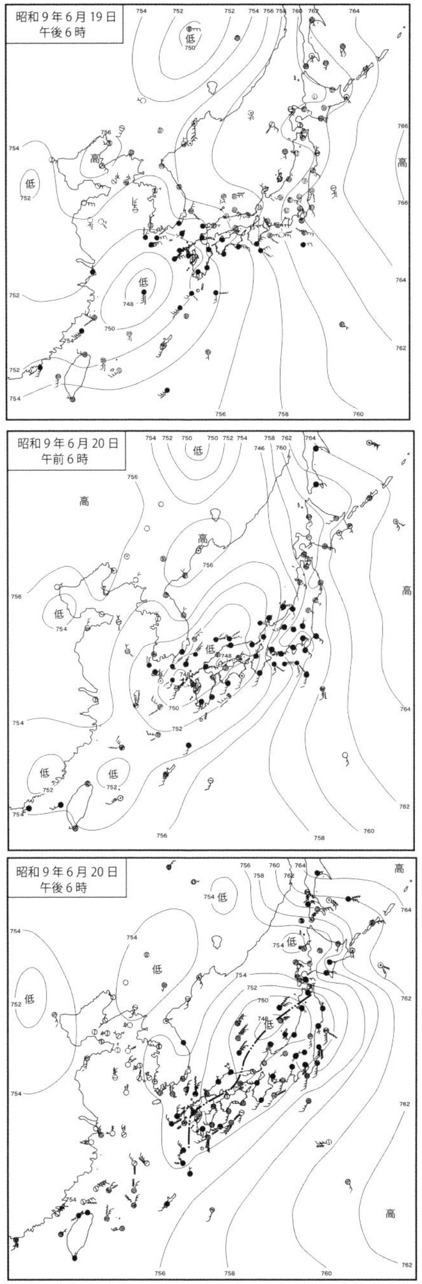

図68.1 低気圧の通過に伴う天気図の変化
上：昭和９年６月19日午後６時。
中：昭和９年６月20日午前６時。
下：昭和９年６月20日午後６時。
台湾と九州の間にあった低気圧は、発達しながら北東方向に進んだ。19日の夜から21日の明け方にかけて、猛烈な風が吹き、嵐となった。
（中央気象台 編『天気図』を改変）

６月20日の朝は低気圧の中心に入り、気圧が下がり高潮が発生してカンコやアシカの檻が流されそうになった。また、深夜には崖崩れが起こり、恐怖の夜を体験することになる（連載記事［9］参照）。

右の写真は嵐の夜に、猟師小屋の中で、ランプのもとで将棋に興じる人々を写した写真である。

ゴザの上に将棋盤を置き、向かって左が中渡瀬頭領、右が寺内獣医で、この二人の対戦を６人の人物が眺めている。

小屋の壁にはムシロがぶら下がっており、左上にはカッパズボンのようなものが見える。将棋盤の近くには徳用マッチと丸い灰皿がある。

将棋を見守る人物は、中渡瀬頭領の奥の左から、キセルをくわえている猟師1、枡田副頭領、キセルを手に持つ猟師2、池田宰領方、長髪で鉢巻をしてタバコをくわえた若い猟師・勘蔵で、寺内獣医の前方は若い猟師2と考えられる。

『橋岡アルバム』の写真には「昭和9年6月」という橋岡忠重氏による書き込みがある。ところが、この『橋岡アルバム』の写真を収載した『橋岡忠重所蔵資料写 竹島漁業資料』[1]では、寺内獣医の後方の人物に「池田吉太郎氏」との書き込みが加えられている（図68.2）。これは、『五箇村史』の編集に携わり、この資料を編集した藤田茂正の筆跡である。池田吉太郎はこの時すでに他界しているので、池田吉太郎ということはありえず、「池田幸一氏」の誤りである。

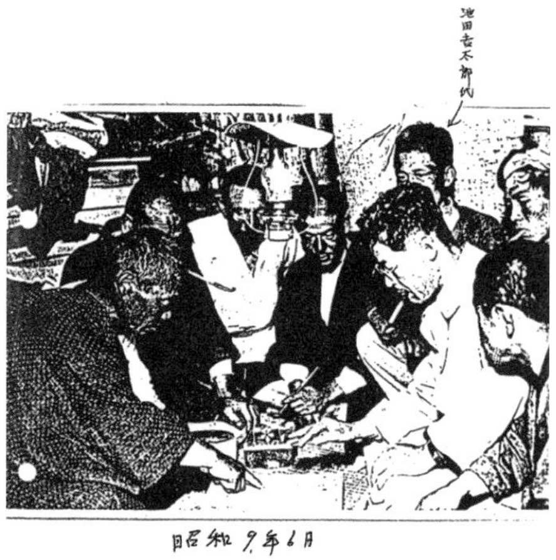

図68.2『橋岡忠重所蔵資料写 竹島漁業資料』にある将棋の写真
「池田吉太郎氏」とある書き込みは、「池田幸一氏」の誤り。

【参考文献】

1）藤田茂正（編）『橋岡忠重所蔵資料写 竹島漁業資料』（私製資料集）。

【撮影地点】

東島の猟師小屋の中で撮影。

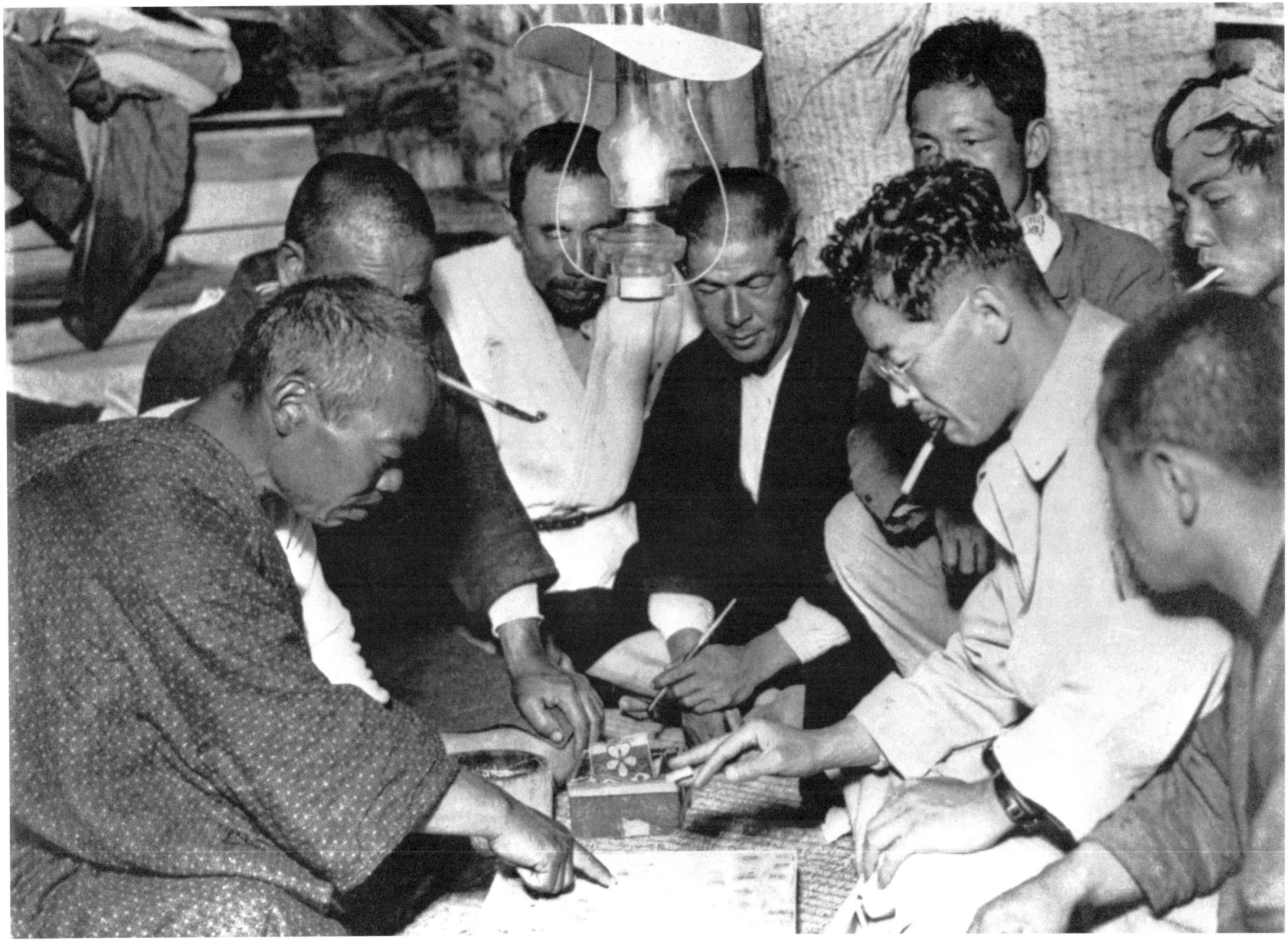

あらしの夜　將棋に興ずる人々

【写真の風景】

竹島での取材も終わりを迎えた6月21日[1]の夜。高気圧に覆われて快晴で、風も弱い（図70.1）。星空の下、テントの前で座談会が開催された（連載記事［10］参照）。

写真の左側には高潮に備えて積み上げた円礫が写っていて、テントの親綱が礫石に固定されている。この左側が海岸のなぎさである。6月20日の高潮の際に、松浦記者・長谷川写真部員・寺内獣医の3名が、3貫（11.3 kg）～5貫（18.8 kg）の大きな石を積み上げて防波堤を築いたものだ。6月10日のテント設営直後の写真（37ページ）には見られない。

写真の右側には、バケツ、木樽（おそらく水樽）、使途不明の器具が見える。その奥にテント設営時にはなかった木製の造作物とその上方に鍋のような器物が写っている。鍋は、その持ち手の形状から戦前に作製されたほうろう鍋と推定され、鍋の半分は木蓋のようなものをかぶせてあるように見える（図70.2）。

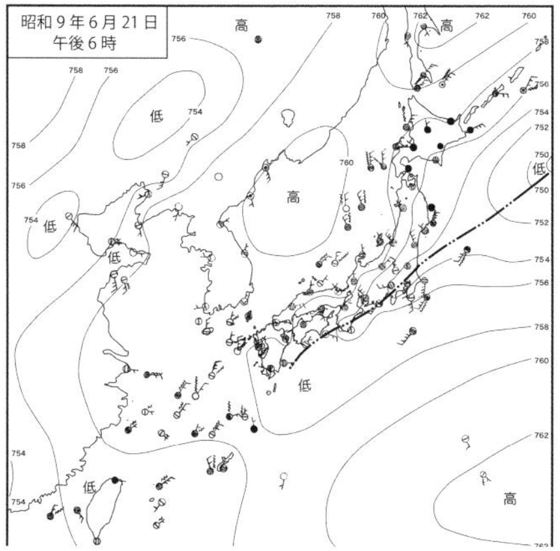

図70.1 昭和9年6月21日午後6時の天気図
（中央気象台 編『天気図』を改変）

鍋が載るこの木造の造作物は何だろうか？高さは1 mばかりあり、側面にはムシロのようなものがくくりつけられている。ほうろう鍋が載っていたり、近くに水樽のようなものがあることから判断してここは炊事場ではないかと思われる。木の造作物は煮炊きするときの風よけではないだろうか。

テントの中をのぞくと、木製のテントの支柱が手前と奥に見える。支柱の黒い部分は金属製のつなぎの部分で、このテントの場合は2本の柱をつないだものと思われる。入り口の支柱の左にはランタンのようなものが、右上にはタオルのようなものがかかっているように見える。テントの奥には3枚の布団が積まれていて、その上に縞模様の丹前のようなものが見える。

テントの入り口から外にかけてゴザを敷き、真ん中には低い木製のテーブルがある。その上には、燭台と2本の百目ろうそく、2本のビール、4個の茶碗、1個の蓋の開いた缶詰が載っている。左の茶碗の隣りにはマッチのような小箱が見られる。

参加者は、松浦記者、長谷川写真部員、寺内獣医、池田宰領方、都田氏、中渡瀬頭領、枡田副頭領、その他猟師3名で、総勢10名であった。左から3人目の縞模様の丹前を着ているのが中渡瀬頭領。その右隣が若い漁師2で、一番手前が若い漁師・勘蔵である。

テントの支柱の左には松浦記者が水筒を持ち、中渡瀬頭領が右手に持ったコップに注いでいる。多分ウイスキーだろう。支柱の右には寺内獣医、その右は池田宰領方で、池田は両手をろうそくに伸ばして、右手に持ったたばこに火をつけようとしている。その右が都田氏（？）、その手前で顔の見えているのが猟師1，最も手前で頭を垂れているのが枡田副頭領と推定される。

【脚注】

1）記事では6月19日になっている。6月21日とする論拠を72ページに示す。

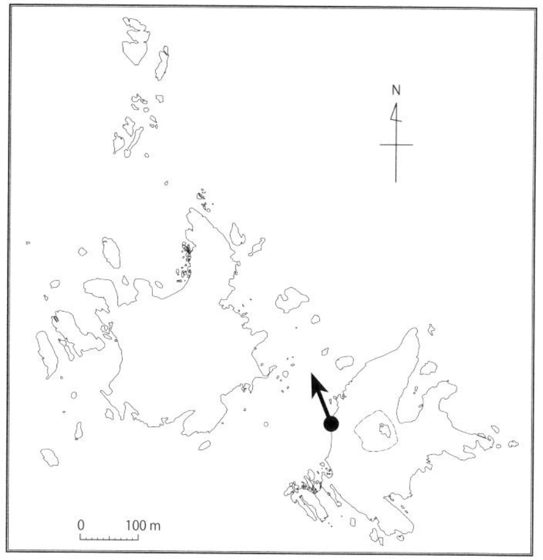

【撮影地点と撮影方向】
テントを南から北北西方向に撮影。

図70.2 テント横の炊事場？
枠内：ほうろう鍋の拡大像。取っ手部分は2本の鉄線をねじって作ってある（昭和初期）。

島の夜 一行のテントで座談會

23 リヤンコウ舞（東島岩礁上にて）

【写真の風景】

夜の座談会の話もそこそこに、月明りのもと、竹島の猟師たちが生み出したリヤンコウの舞が披露されたという（連載記事［11］)。空には半月がでていて、ワカメの林が見えるほど、明るかったとされる。

年長者で竹島経験の豊かな者は舞の伴奏や唄い手となり、新入りの若者は踊り子を演じた。

舞踊といっても島には楽器も衣装もない。楽器には石油缶、鍋、釜など音が出そうな台所道具が使われた。踊り子は烏帽子代わりにさん俵を頭に載せ、太鼓の代わりに飯びつの蓋、バチの代用にはしゃもじを使ってリヤンコウ舞を演じた。

この写真は猟師小屋から南西方向に 80 m ほど離れたところにある岩礁で撮影されたものだ。正面には五徳島と、それに重なる観音岩が見える。

踊っているのは若い猟師・勘蔵。頭にさん俵を載せ、右手にひしゃく、左手に木蓋を持って踊っている。写真の左には拍子をとる人物の手の部分が写っている。

写真左の片膝を立てて右手でキセルをくわえているのは猟師 2、その横の石油缶を叩いているのは猟師 1 と思われる。石油缶の後方に写るのは中渡瀬頭領で、その隣の帽子をかぶった人物は池田宰領方である。その右隣りの大きな木樽を抱えているのは若い猟師 2、さらに右隣りで顔が隠れている人物は枡田副頭領である。

連載記事では夜の座談会に引き続き、リヤンコウ舞が披露されたことになっているが、この写真は空も明るく、3, 400 m 先の五徳島が明瞭に見える。実際、夜の座談会に続いてリヤンコウ舞が演じられたかも知れないが、この写真そのものは日中に撮影されたもので、いわゆる前撮りか後撮り写真と思われる。

【連載記事の日にちの矛盾】

連載記事［10］によれば、夜の座談会とリヤンコウ舞が行われたのは、嵐を体験した後の 6 月 19 日で、この日は東郷元帥の三七日《みなのか》に当たり「海の夕焼けに黙禱した」とある。しかし、19 日に座談会が行われたとするのは極めて疑わしい。

以下に挙げる論拠から、嵐が襲来したのは 20 日で、座談会とリヤンコウ舞は 21 日に行われたと考えるのが妥当である。

［嵐の日にち］

①嵐の日にはテントの中の気圧計が 750 mm 水銀柱まで下がったとあるが、竹島滞在中の天気図を調べると、ここまで気圧が下がった日は低気圧が通過した 6 月 20 日のみである。

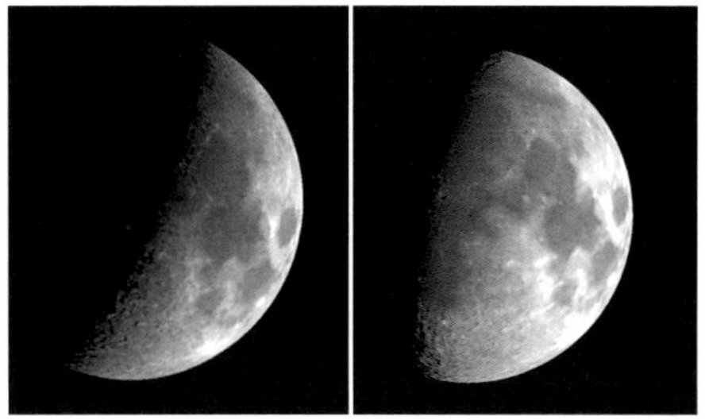

図72　6月19日（左：月齢7日）と 6月21日（右：月齢9日）の月の様子
Stellarium Mobile　(Noctua Software Ltd）による。

②連載記事［9］の前半には日中の出来事（高潮・潮位上昇、カンコやアシカの檻が流されかけるなど）が、後半には夜の嵐と翌朝の嵐の終息が記されているが、この状況は 20 日朝～ 21 日夕の天気図と一致する。

［座談会の日にち］

①座談会・リヤンコウ舞が行われた 19 日の夜は星空が美しいとあるが、19 日午後 6 時の天気図の船舶情報によると竹島付近は曇で星空が見える天候ではなかった（図 68.1 の上）。

② 21 日午後 6 時の天気図（図 70.1）によれば、竹島は高気圧に覆われて快晴のようだ。夜には美しい星空が出現したと考えられ、記事の内容と一致する。

③リヤンコウ舞の夜には「ザボンのような月が見えた」とあるが、19 日の月齢は 7 日で半月にも満たない。これに対し、21 日の月齢は 9 日で「ザボン」の月にふさわしい（図 72）。

では、なぜ座談会やリヤンコウ舞の日にちを 21 日ではなく、19 日と書いたのだろうか？

座談会の中で中渡瀬頭領と寺内獣医は東郷元帥の日本海海戦のことを語っている。元帥の三七日に合わせて座談会を 19 日としたほうが、物語性が高まると考えたのかもしれない。

天気図や月齢が日にちの解明に役立った。

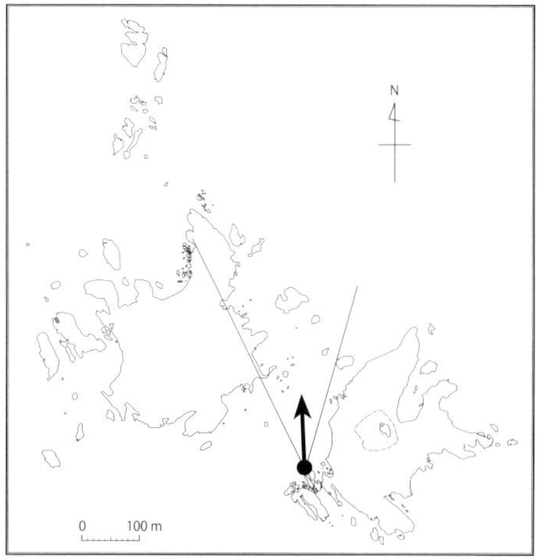

【撮影地点と撮影方向】

石原の南の岩礁から、ほぼ北方向に撮影。

リヤンコウ舞　（東島岩礁上にて）

24 リヤンコウ島を後に帰途につく（カンコで見送りの人達）

【写真の風景】

6 月 22 日。いよいよリヤンコウ島（竹島）を離れる時が来た。風や波も無く、天気も良好（図 74.1）。写真は取材陣の一行を見送りに来た漁師たちのカンコを神福丸から写したものだ。写真の右下には船べりの一部が写る。

写真に写っている人物は、右から枡田副頭領、都田、中渡瀬頭領、漁師 2、若い漁師・勘蔵、若い漁師 2 の 6 名で、枡田副頭領が櫓を漕いでいる。カンコの中には木樽が写っている。これは、神福丸で隠岐から運ばれてきた水の入った樽だろう（図 74.2 の白枠）。

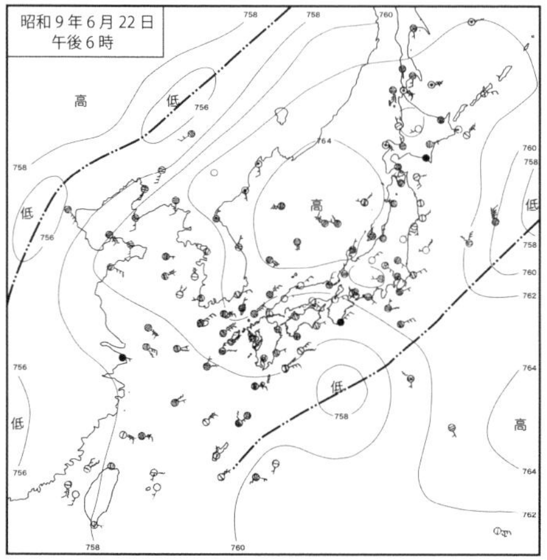

図 74.1 昭和 9 年 6 月 22 日午後 6 時の天気図
高気圧に覆われて、風も弱い。（中央気象台 編『天気図』を改変）

背景には南東から眺めた西島の全景が見え、西島の南西端にある海食洞アーチ＃ 3（図 32.1）が写っている。また、右方には“タンゴン峰”が見える。

白岩や黒く見える“扇岩”は西島と重なっているが、なんとか判別できる。さらに、東島の西南にある海食洞アーチ＃ 2（図32.1）も見える。

海面に映るカンコの影の様子から判断して太陽は高い位置にあり、撮影時刻は昼頃と思われる（図74.2 の S）。

【神福丸の迎えと帰路】

6 月 24 日の大阪朝日新聞は、取材陣一行が 6 月 22 日に無事西郷に帰着したことを伝えている。記事には「10 日間の滞留」とあるが、実際は 12 日間島に滞在している。

本来は 10 日間の滞在を予定していたのかもしれない。しかし、6 月 20 日の低気圧の影響で事態は一変。その接近を知った迎えの神福丸も西郷港を出航できなかったことだろう。

天気図を読み解くと、6 月 20 日は竹島に向けて神福丸が出航できる天候ではない。翌日の 21 日には良い日和になり、その夕刻に西郷港を出航して 22 日の朝に竹島に到着したのではないかと推察される。西郷から運んできた食料品や水などを竹島の猟師に受け渡し、取材陣一行とともに手当を受けたウミネコ 9 羽も帰路の神福丸に乗り込んだ。

竹島から西郷への復便は、海上が穏やかでうまく海流に乗ればかなり早く帰着することができる。エンジンや大きさが異なるので一概に比較はできないが、1953（昭和 28）年 6 月に竹島を訪問した隠岐水産高校の鵬丸は、25 日朝に竹島を出航して同日午後 2 時に西郷に入港している[1]。

神福丸もその日の夕～夜には西郷港に入港したことだろう。宿で伸び放題のひげを剃り、一風呂浴びて、竹島のアシカの旅は終わった。

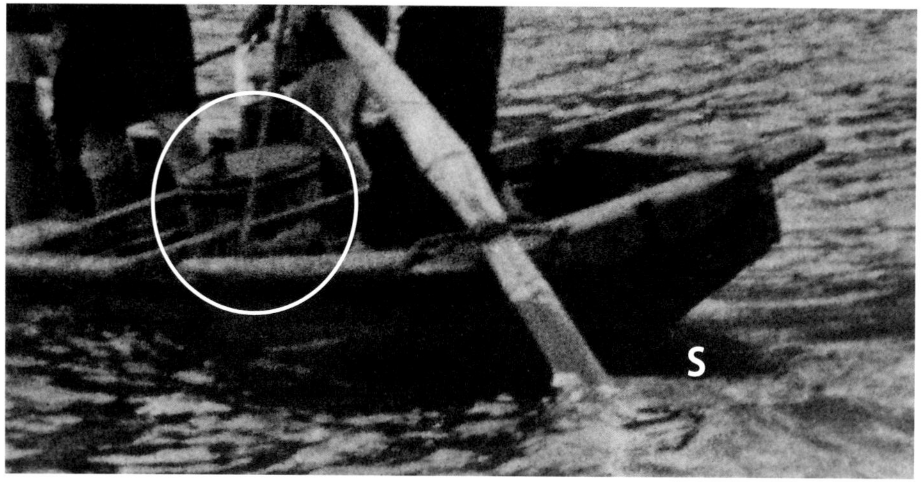

図 74.2 写真のカンコの部分拡大
白丸：水の入った木樽、S：海面に映るカンコの影。

【参考文献】

1）岩滝克己（1977）「竹島調査航海の思い出」『おおとり　創立七十周年記念誌』島根県立隠岐水産高校（編）83 ～ 85 ページ。

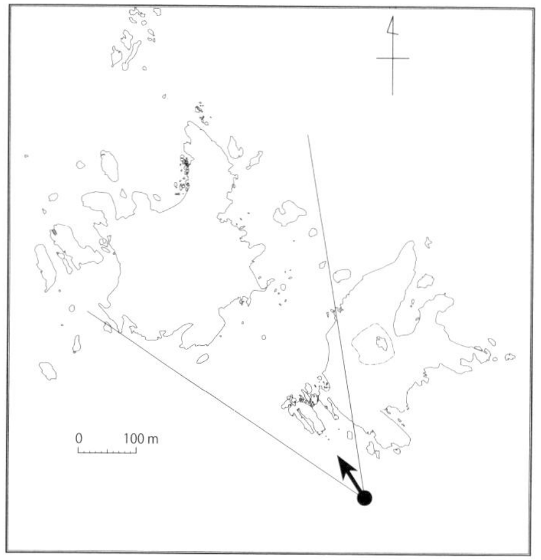

【撮影地点と撮影方向】

東島の南方から、北西方向に撮影。

リヤンコウ島を後に帰途につく（カンコで見送りの人達）

アルバムに貼付されていない写真（その1：石原で鉄砲を構える、その2：銃の手入）

【アルバムに貼付されていない写真】

アルバムの台紙に貼付されずに、アルバムに挟み込まれていた写真が3枚ある。大きさは貼付の写真とほぼ同じだ。その1とその2の写真は同じ写真がアルバムにあるので、縮小して掲載している。

その1「石原で鉄砲を構える」

アルバムに貼付されている「19 沖の島の海驢を鉄砲で狙う」(65ページ)と同じネガから一部をトリミングして若干拡大して焼き付けしたものである。

その2「銃の手入れ」

アルバムに貼付されている「20 銃の手入れ」（67ページ）と同じネガから焼かれた写真である。この写真のほうが、写真の左側と下側が若干広く出ている。

その3「岩上にしゃがむ中渡瀬頭領」

貼付されたアルバム写真には類似の写真はない。石原で撮影されたもので、その1の銃を構えた岩の上にしゃがんで撮影されたものだろう。

貼付されていない写真（その1）「石原で鉄砲を構える」

貼付されていない写真（その2）「銃の手入れ」

貼付されていない写真（その3）「岩上にしゃがむ中渡瀬頭領」

Ⅲ 長谷川義一写真部員撮影の竹島写真（『中渡瀬アルバム』以外）

1992（平成 4）年の秋、朝日新聞大阪本社から長谷川写真部員が撮影した写真が 11 枚見つかり、同年 11 月 9 日の朝日新聞夕刊で紹介された。著者のうちの井上はその写真を把握していた。

2019（令和元）年 5 月 18 日の朝日新聞デジタル・朝日新聞は、同部員が写した写真が発見されたことを再び報じたので驚いた。「そのうちの 1 枚は記者が 77 年に贈呈先の関係者宅を訪れて接写したもの」としているが事実誤認だ。写真は本書 45 ページの「網にかかった海驢を陸に引き上げる」で、記者は贈呈先の中渡瀬宅を訪れて接写したのではなく、『橋岡アルバム』からの複写写真をさらに複写したものと思われる（44 ページを参照）。ちなみに、この写真が載る 1977（昭和 52）年 3 月 10 日の朝日新聞の記事では「昭和 19 年、隠岐島の橋岡忠重さん写す」との誤った説明がなされている。

朝日新聞社が保有する長谷川写真部員撮影の竹島関連写真は、『朝日新聞フォトアーカイブ』に収蔵されているが、『中渡瀬アルバム』にない写真が 5 枚ある。『中渡瀬アルバム』と類似の写真もあるが、貴重な写真もあるのでここに収載した。

朝日新聞社に残る写真（その1）『朝日新聞フォトアーカイブ』の「1934年 竹島（リヤンコウ島）のアシカ」

［提供　朝日新聞社］

【岩礁のアシカ】写真の裏には、「われ等の攻撃にさっと身をかわす大海驢　沖の島西岩礁」との説明書きがある。この岩礁は連載記事［7］に掲載されている写真の岩礁と同じと思われる。記事では岩礁上のリヤンコウ大王に見参したとのことだが、左のアシカが大王なのだろうか。写真に加筆修正あり。

朝日新聞社に残る写真（その 2）『朝日新聞フォトアーカイブ』の「1934 年 竹島（リヤンコウ島）で生まれたばかりのアシカ 」

［提供　朝日新聞社］

【アシカの幼獣の群れ】写真の裏には、「生まれたばかりの海驢の子 リヤンコウ島・西島にて」との説明書きがある。これは生まれたばかりの子ではなく、生後数週間たった幼獣の群れ（ポッド）だ（56、57 ページ参照）。

［提供　朝日新聞社］

【アシカの幼獣の群れ】写真の裏には、「風吹井に集まって自然の妙音楽に聴き惚れています」との説明書きがある。風吹井は沖の島の大アシカ岩にある。海浜付近ばかりでなく岩礁でもポッドと呼ばれる子供の群れを形成していたことを示す貴重な写真だ（16，56 ページ参照）。

朝日新聞社に残る写真（その4）『朝日新聞フォトアーカイブ』の「1934年 竹島（リヤンコウ島）のアシカ漁 生け捕ったアシカを檻に入れる漁師」

［提供　朝日新聞社］

【アシカの檻に重しを載せる】写真の裏には、「生け捕った獲物十頭檻づめにして？」との説明書きがある。この写真は連載記事［4］に掲載されている。

朝日新聞社に残る写真（その5）『朝日新聞フォトアーカイブ』の「1934年 竹島（リヤンコウ島）のアシカ漁 村田銃で狙う漁師 」

［提供　朝日新聞社］

【銃でアシカを狙うポーズをとる中渡瀬頭領】写真の裏には、「海驢撃の名人 中渡瀬仁助老人 鉄砲で沖の海驢を狙う」との説明書きがある。この写真は連載記事［1］に掲載されている。『中渡瀬アルバム』にも類似の写真が２枚あるが（64、65、76ページ）、打ち寄せる波の様子が異なっているので別の写真だ。

嵐に備え防波堤を築く
連載記事［9］

「うみねこ」の雛
－リヤンコウ島東島にて
連載記事［6］

傷ついた海猫に手当
向かって右 寺内技手
連載記事［9］

チビ公のプール「潮吹井」
連載記事［8］

リヤンコウ大王の間近に見参
－（沖ノ島西岩礁にて）－
突き出た岩角に見えるのが大王
連載記事［7］

海驢の産室・洞窟を摸る（リヤンコウ西島）
連載記事［7］

リヤンコウ舞
連載記事［11］

Ⅳ　登場人物と背景

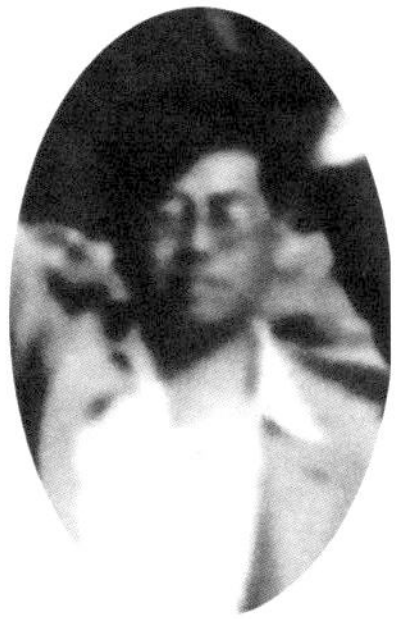

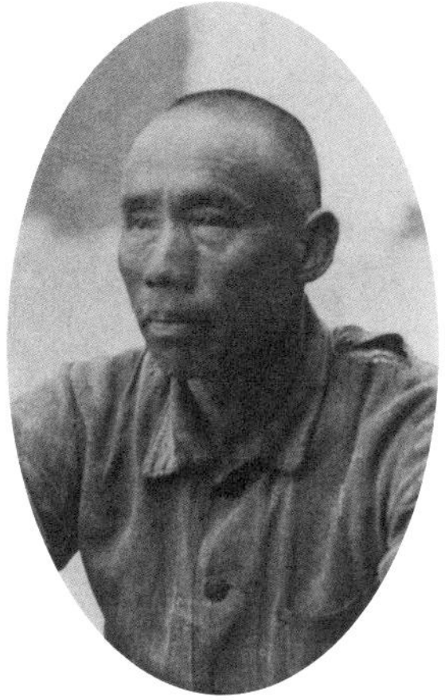

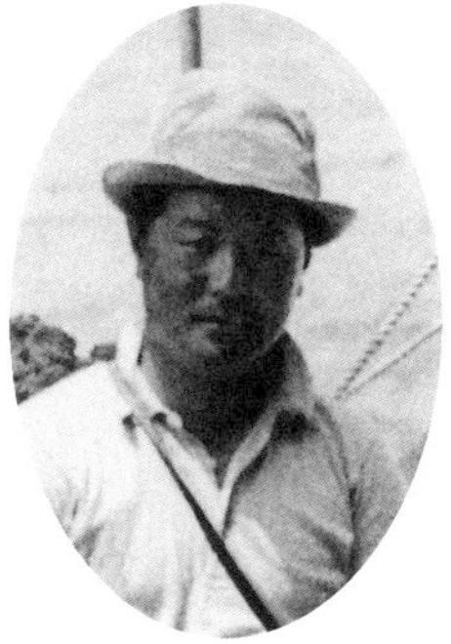

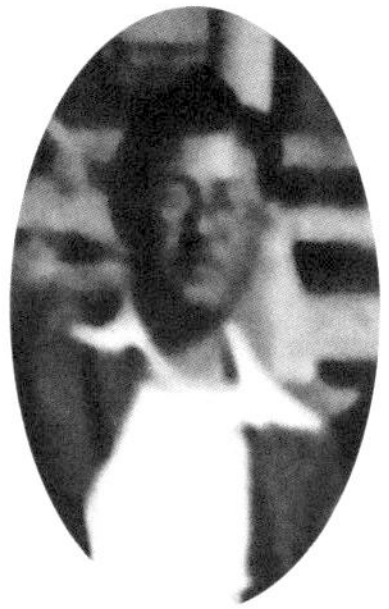

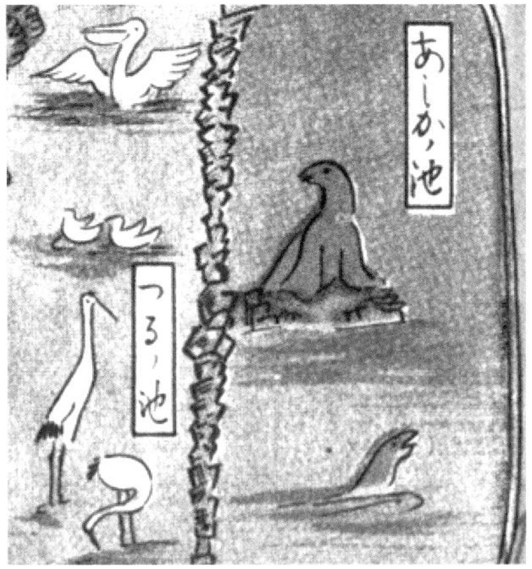

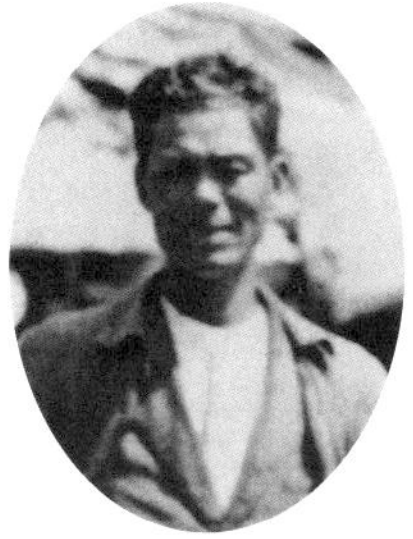

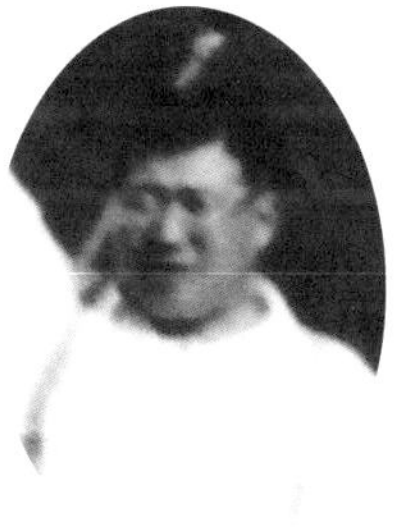

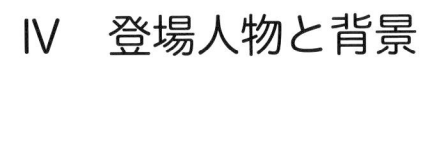

取材をめぐる人びと

連載記事では様々な人物が登場する。その一挙一動や発言にも人柄が現れていて、読んでいて楽しい。

取材記者を始めこのアルバムの写真を撮影した人物はどのような人生を歩んだのだろうか。不明な点も多いが、これまでに収集した資料を基に、その人物像を明らかにしてみたい。

松浦直治

「日本海のアシカ狩」の連載記事を書いたのは松浦直治記者。素晴らしい連載記事に仕上がっている。

松浦は1903（明治36）年5月12日に長崎県で生まれた。長崎高等商業学校に入学した後、新聞部の創設を企画し上京して東京帝国大学新聞部などで編集や大組みの技術を学んだ。しかし、文部省学務局長の「今後一切、専門学校ニオケル学校新聞ノ発行ヲ認メズ」との通達で新聞部の創設は叶わず、失意も大きかった。

そんな中、同学校の武藤長蔵教授に説得されて急きょ朝日新聞社を受験することになった。イチかバチかの受験であったが、見事合格。1926（大正15）年に同校を卒業して同年4月1日から朝日新聞大阪本社に練習生として入社した。

朝日新聞社では社会部に12年間、学芸部に3年間記者として在籍。社会部在籍中の1934（昭和9）年6月には、本書の竹島取材をおこなった。

学芸部では文楽や上方歌舞伎の研究に熱中したというが、社会部時代からもその方面に関心を寄せ、知識も深かったようだ。「日本海のアシカ狩」の連載記事には歌舞伎の話がよく出てくる。学芸部の後、整理部に5年間在籍した。

1945（昭和20）年3月から11月までは伊勢新聞社取締役編集局長として出向。朝日新聞本社に戻ってからは学芸部長、社史編集室長を務め、1958（昭和33）年に定年退社となる。

その後、1960（昭和35）年からは朝日新聞大阪本社文書部社史編集室主査となり、種々の執筆活動を行っていたが、1961（昭和36）年10月には故郷の長崎新聞社主筆として入社する。1962（昭和37）年1月には長崎新聞社取締役社長に推された。1964（昭和39）年には社長を辞して顧問となり、後に取締役を務めた。

1974（昭和49）年5月8日には、これまでの記者活動に関して第1回日本記者クラブ賞を受賞しており、自身の回顧録には数々のエピソードが読み取れる[1]。

1985（昭和60）年3月に81歳で逝去した。

後輩にあたる末松満記者は松浦のことを以下のように書いている[2]。

「松浦直治さんは、若いころ大阪朝日新聞社の社会部記者であり、私が入社した昭和6年ごろには、名文をもって鳴る第一線の花形であった。ただし彼の記事については、どこまでが真実でどこからがウソであるのか判らない、という噂もあったが、そんなことをいわれる所以《ゆえん》は、あまりにも華麗な名文をものすることのほかに、『リャンコー島探検記』というトテツもない連載ものを書いたからである」

連載記事は竹島の自然、気候、アシカ猟の様子がしっかりと書き込まれており、竹島の当時の様子を知るには貴重な資料だ。

しかし、本書で指摘したように、記事を検証すると疑問な点も含まれていた。末松の聞いた噂は「当たらずとも遠からず」だったかも知れない。

連載記事の名文の中には唐や元の時代の画家や歌舞伎などの例え話が随所に出てくる。松浦の教養の豊かさが垣間見れるが、この記事の読者は理解できたのだろうか。

【参考文献】

1）松浦直治（1974）「エンピツ半世紀 -- 思い出すままに」『新聞研究』276、63～67ページ。

2）末松満（1965）「対韓・対中国外交の問題」『刑政』76（5）、70～73ページ。

長谷川義一

連載記事の写真は長谷川写真部員の撮影によるもので、『中渡瀬アルバム』は同氏の写真を集めたものだ。写真の構図は素晴らしく、竹島の自然やアシカ猟の様子を見事に伝えている。

長谷川は1898（明治31）年に埼玉県に生まれ、1917（大正6）年に早稲田大学を卒業。1915（大正4）年には朝日新聞社へ入社している[1]。

入社後は、1923（大正12）年の関東大震災の際には写真班として東京に派遣されている。

1926（大正15）年には、新聞写真展覧会で「機上より撮影した特急列車顚覆」が村山賞を受賞、1928（昭和3）年の浪華写真倶楽部第15回展覧会で「猿公」が特選を受賞したりして、長谷川が撮影した写真は大いに評価された。

戦争を報道する写真部員として外地に派遣されたこともあった。1928年には済南事件における従軍写真班として、1931（昭和6）年には満州事変で写真班長として、さらに1933（昭和8）年には南洋方面へ写真班長として現地派遣されている。

1931年には日本に初めて導入された魚眼レンズ撮影装置を使って苦心惨憺《さんたん》の末に撮影に成功（図87）。その写真の一部は紙面を飾り評判となった[2]。

1934（昭和9）年には竹島取材をおこない、多くの写真を撮影したが、同時に映画の撮影も行い、7月6日の講演会で映画を披露している（この映画は未発見）。また、翌年の新春には東京・大阪朝日新聞社が援助した京都帝国大学白頭山遠征隊（今西錦司隊長）の様子を飛行機から写真・映画撮影を行なった。

1942（昭和17）年には朝日新聞社の副参事兼写真部次長になっているが、その後の経歴等は不詳である。

長谷川は山などの風景写真の撮影にも秀でていた。写真ばかりでなく絵画にも親しんでいたようで、写真構図の素晴らしさはそのせいかもしれない。

【竹島の思い出を語る】

長谷川は1965（昭和40）年に『アサヒグラフ』の小西記者の取材に対し、竹島の思い出を次のように語っている[3]。

「夏の読物の取材で行ったんです。なにしろ水のきれいなのに驚きました。あの付近は巡視船のアンカーが届かんくらいというから、かなり深いんです。それが底の底まできれいに見えるんですよ、オコゼに似たような魚がたくさん泳いでいましてね…。古クギを見つけてきて細引にしばりつけてね、カメノテというんですが、岩場にくっついてる貝をエサにして、そのオコゼの前にすーっとおろしてやる。いやあ、よう食いますワ。古クギごとぐいのみですよ。十分のましといてからつり上げる。クギが内臓にかかってるんですねえ。ひきあげたら岩場へたたきつけて、足で押えて細引き（原文のまま）をひっぱるんです。ハラワタがいっぺんにとれます。次からは、そのハラワタをエサにする。いくらでもつれるんですよ。ミソ汁にするとコチのような味がして、うまい魚でした。

そこで漁師たちが生干しにしていたアワビもうまかったですよ。シコシコしてね。あんなアワビはその後食べたことがないです。私なんか行くまで竹島なんて島があることも知らなかったんだが、今考えると楽しい島でしたね。しろうと目には、そんなに価値があるとは思えないが、まあ隠岐の人にとっては忘れようにも忘れようのないところでしょうね」

図87 河童の群れ（魚眼レンズ）
新聞聯合社写真部 編『全国新聞写真年鑑』昭和8年版、新聞聯合社写真部、昭和8年
国立国会図書館デジタルコレクション

【参考文献】

1）ダイヤモンド社（編）（1942）『ポケット会社職員録 昭和18年版』773ページ、ダイヤモンド社。

2）米谷紅浪（1939）「写壇今昔物語（33）」『写真月報』44（7）、698～699ページ。

3）『アサヒグラフ』 1965年12月31日号、44～45ページ「竹島はわしらのもんじゃけん—隠岐島・久見—」。

動物園と動物商

竹島取材に同行した大阪市立動物園の寺内獣医。海の動物にも造詣が深かったようだ。嵐によって傷ついたウミネコを手当するなど、獣医師としての動物に対する愛情がうかがわれる。

動物商の中田忠一は神戸の老舗動物商の中田和平の子供である。当時広く全国各地の動物園に様々な動物を供給していた。この動物商については分かっていない部分も多いが、これまでに分かっている範囲で紹介しよう。

寺内信三

竹島にやってきた大阪市立動物園の寺内獣医は、さまざまな知識と技術を持ち合わせており、アシカ猟師からも一目置かれる存在だった。

寺内獣医は1901（明治34）年1月13日大阪府に生まれ、1914（大正3）年大阪府立農学校に入学し、1918（大正7）年に同校獣医畜産科を卒業した。その後しばらく志願兵として軍隊生活を送ったが、農学校の同級生であった北王英一が名古屋市鶴舞公園附属動物園に転出した後任として、1923（大正12）年に大阪市役所営繕課動物園係に入職した。1925（大正14）年には日本で初めてダチョウの卵の人工孵化に成功した[1)]。

1934（昭和9）年6月には朝日新聞社とともに竹島に渡り、ニホンアシカを入手し、同年に完成したアシカ池で5頭を飼育することになった。

1943（昭和18）年1月23日には林佐一園長の退職に伴い、市民局動物園長を拝命した。しかし、戦争の悪化に伴って動物の食糧事情も悪くなり、栄養失調で亡くなる動物も増えていた。また、空襲で動物園が破壊された場合に備えて、猛獣が殺処分されることになったが、新任間もない寺内園長にとっては忍び難いものであった。この年の9月から翌年の3月ごろにかけて、ライオン、ホッキョクグマなど26頭の猛獣が殺処分されている。この時代の寺内園長は暗黒の時代の園長と称されることになる。

1944（昭和19）年9月7日になると寺内園長は応召され、1945（昭和20）年に後任として筒井嘉隆が園長に就任。戦後1946（昭和21）年2月8日には職場に復帰し、園長に再任され動物園の復興に努めた。

1961（昭和36）年にサイの入園を指揮していたとき、柵に当たって腰を負傷したが、経過が思わしくなく1962（昭和37）年に病床から辞表を提出した[2)]。

【参考文献】
1）寺内信三（1958）「タヌキ夫婦と遊ぶ」『学校時代』朝日新聞社大阪本社社会部（編）、82〜84ページ、潮文社。
2）毎日新聞社（1968）『大阪百年』110ページ。

中田忠一

田村清三郎が書き写した竹島漁猟合資会社の『明治44年　生産品勘定帳』には、6月8日に2頭の生海馬《トド》（生け捕りされたアシカ）の親子（メスとその子供）が中田和平に境港で引き渡したことが記されている。

和平は神戸市で国内外の鳥獣を取り扱う動物商を経営していた。その子供の中田清一とその弟の中田忠一は家業を手伝った。清一はアフリカに出向きチンパンジーを日本に持ち帰るなど、中田動物商は全国各地の動物園やサーカスに国内外からの鳥獣を斡旋していた。

和平は竹島のニホンアシカを大阪市立動物園、京都市紀念動物園、阪神パークなどに販売したことが分かっている。

忠一は自ら融資した神福丸に乗り込み竹島に出向いた（30ページ）。竹島でのアシカ猟を実際に見るいい経験となったに違いない。

竹島取材と大阪市立動物園（天王寺動物園）

1915（大正 4）年 1 月 1 日、天王寺動物園の前身である大阪市立動物園が開園した[1]。1932（昭和 7）年 4 月から第 1 次拡張計画に着手し、1934（昭和 9）年 3 月に完成。この工事で、地下道と淡水水族館のほかにあしか池などが整備された（図 89.1）。そして、同年 4 月 1 日には一般に公開されたが、アシカの姿はなかった。

天王寺動物園に残る海驢（アシカ）の購入管理台帳（図 89.2）を見ると、

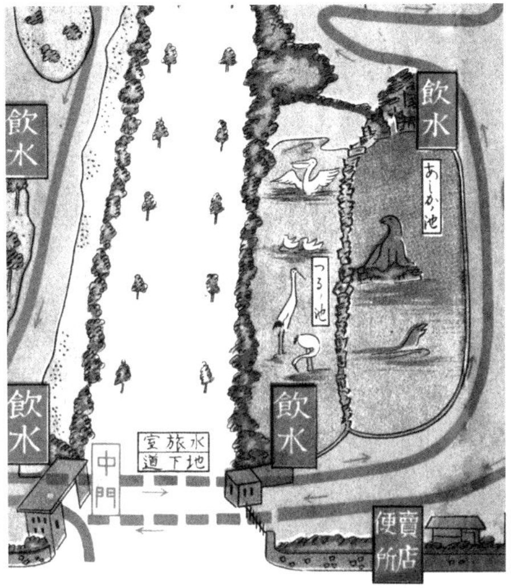

図 89.1『大阪市立動物園案内図』に載っている「あしか池」
戦前発行（おそらく昭和 9 ～ 10 年頃）の案内図の一部を示す。

アシカの初出は 1934（昭和 9）年 5 月 21 日である。これは東京の有竹銀一動物貿易商から購入したもので、カリフォルニアアシカと考えられる[2]。

動物園の拡張によって「あしか池」は完成した。しかし、そこに収容するアシカは簡単に入手できるものではなかった。

1903（明治 36）年 4 月 1 日に、日本で 2 番目の動物園として開園した京都市紀念動物園には、開園時に隠岐島産のアシカが 2 頭飼育されていた。同園では、1930（昭和 5）年 5 月 31 日に神戸の動物商中田和平からオスアシカを 1 頭購入している[3]。このアシカがどこで捕獲されたものかは不明である。

中田和平はすでに 1911（明治 44）年には竹島のアシカを取り扱っていたことが分かっており（88 ページ）、隠岐島や竹島のアシカについて十分な情報を持っていたと思われる。

大阪朝日新聞社・大阪市立動物園・中田動物商の誰が発案したのか分からない。竹島探検を望む新聞社、アシカが欲しい動物園、商売にしたい動物商。三者の利害が一致し、1934 年の竹島行きが決まった。

この竹島行きによって、大阪市動物園はアシカを入手したが、このア

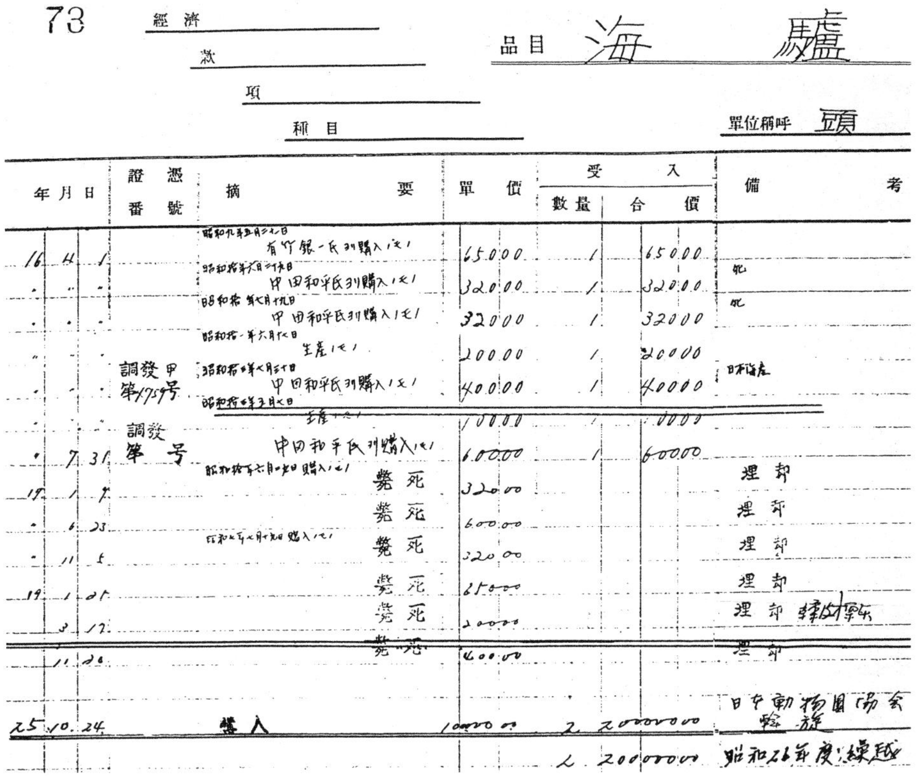

図 89.2 天王寺動物園に残るアシカ台帳
台帳の一部を画像処理して必要部分を示す。神戸の動物商・中田和平の名前が見える。

シカは購入管理台帳には載っていない。購入費を伴わなかったからであろう。全面的な新聞社のバックアップによって、動物園の「あしか池」には 5 頭のアシカが加わり、来園者を楽しませせることになった。

【参考文献】

1）大阪市天王寺動物園（1985）『大阪市天王寺動物園 70 年史』大阪市天王寺動物園、3 ～ 28 ページ。

2）井上貴央、佐藤仁志、椋田崇生、伊藤徹魯（2023）「天王寺動物園から発見されたニホンアシカの剝製標本について －三瓶自然館の展示にいたる経緯とその由来の検討－」『島根県立三瓶自然館研究報告』21、11 ～ 22 ページ。

3）井上貴央、中村一恵（1995）「動物園で飼育されたニホンアシカ」『海洋と生物』98、215 ～ 221 ページ。

渡船をめぐる人びと

取材陣一行は神福丸に乗り込んで隠岐島・西郷から竹島に渡った。1934（昭和 9）年 6 月 15 日の新聞（7 ページ）によると、「境港より発動機船による冒険突破に成功し」とある。この発動機船は神福丸のことなのだろうか。隠岐航路の定期船もあるなか、わずか 12 トンの発動機船が境港まで迎えに来たのだろうか。

神福丸の船長の孫に当たる吉田徹に島根県竹島問題研究会が聞き取り調査を行ったが、その内容には誤りもある。

著者らも同氏から聞き取り調査を行い、有益な証言をいただいた。後日、御礼として、『中渡瀬アルバム』にある神福丸関係の写真 2 枚をデジタル修復して贈呈したが、これが山陰中央テレビのニュース映像で取り上げられて驚いた。出典については触れられず、このような形で新たな写真を拡散させたかと思うと、残念なことだった。

吉田重太郎・清次

神福丸の船長は吉田重太郎《じゅうたろう》で、その息子の清次も乗り込んでいた。連載記事［2］によると、重太郎は「明治 38 年から店開きした唯一のリヤンコウ渡航専門家」であったという。

1932（昭和 7）年 9 月 15 日、満州から報道写真を輸送中に朝日新聞社機が遭難した。この時、竹島付近での捜索を行ったのがこの神福丸と吉田船長であったと、連載記事にある。

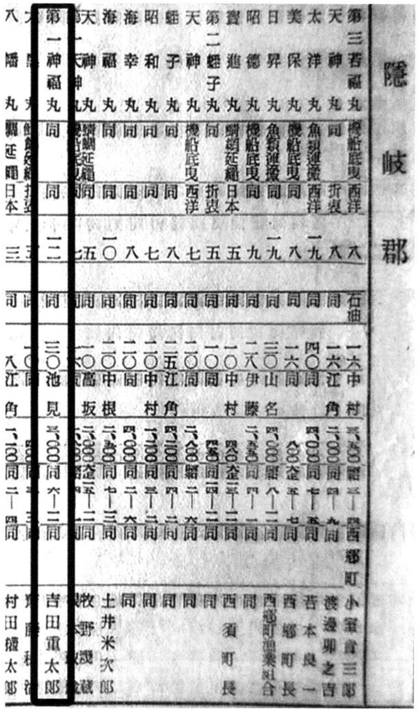

隠岐郡

第三若福丸	機船底曳	西洋	八	石油	一六	中村	[illegible]	[illegible]	西郷町	小室倉三郎
天神丸	同	折衷	八	同	一六	江角	[illegible]	[illegible]		渡邊卯之吉
太洋丸	魚類運搬	西洋	一九	同	四〇	同	[illegible]	[illegible]		吉本良一
美保丸	機船底曳	同	八	同	一六	同	[illegible]	[illegible]		西郷町長
日昇丸	魚類運搬	同	一九	同	三〇	山名	[illegible]	[illegible]		西郷町漁業組合
昭徳丸	機船底曳	同	九	同	二八	伊藤	[illegible]	[illegible]		同
寶進丸	鯛延縄	日本	五	同	一〇	中村	[illegible]	[illegible]		西須町長
第二蛭子丸	同	折衷	五	同	一〇	同	[illegible]	[illegible]		同
天神丸	機船底曳	西洋	七	同	一〇	同	[illegible]	[illegible]		同
蛭子丸	同	同	八	同	二五	江角	[illegible]	[illegible]		同
昭和丸	同	同	七	同	二〇	中村	[illegible]	[illegible]		同
海幸丸	同	同	八	同	二〇	同	[illegible]	[illegible]		同
海福丸	同	同	一〇	同	二〇	中根	[illegible]	[illegible]		土井米次郎
第一天神丸	[illegible]	同	[illegible]	同	一六	高坂	[illegible]	[illegible]		牧野[illegible]
第一神福丸	同	同	一二	同	三〇	池見	[illegible]	[illegible]		吉田重太郎
[illegible]	[illegible]	[illegible]	[illegible]	同	一〇	同	[illegible]	[illegible]		[illegible]
八幡丸	鯛延縄	日本	三	同	八	江角	[illegible]	[illegible]		村田[illegible]太郎

図 90.1『昭和 12 年版 動力附漁船々名録』 黒枠内に第 1 神福丸が見える。

先述したようにこの船は『昭和 12 年版 動力附漁船々名録』[1] にある第 1 神福丸（12 噸、30 馬力）と考えられる（図 90.1）。昭和 6 年 11 月に建造された船を、中田忠一動物商の出資を受けて購入されたものである（30 ページ）。

図 90.2「リヤンコウ舞」（左）と「リヤンコウ島見ゆ」（右）の写真　左で石油缶を叩いているのが吉田船長とされたが、右の写真の吉田船長本人とは頭髪の様子が異なる。

重太郎の二男の清次は父を助け、ともに船に乗り、一人で出かけたこともあったという。重太郎は昭和 16 年 3 月 5 日に生涯を閉じたので、この年に行われた最後のアシカ猟には出掛けていない。

神福丸は 2 隻あった。昭和 18 年に島根県が発行した「海驢漁業鑑札（写）」[2] には、使用船舶は第 10 神福丸（13 トン、39 馬力）とある。この船名録はまだ見つかっていないが、船の大きさや性能の点で吉田徹の記憶とほぼ一致する。

なお、『第 3 期「竹島問題に関する調査研究」最終報告書』[3] には、船長の孫の吉田徹からの聞き取りとして、リヤンコウ舞の写真の一人が吉田重太郎とある。しかし、この人物は本書で明らかにした猟師 1 であり、重太郎船長ではない（72 ページ）。写真の人物の頭部を拡大比較してみると、明らかに別人物だ（図 90.2）。

【参考文献】

1）農林省水産局（編）（1937）『昭和 12 年版 動力附漁船々名録』東京水産新聞社。

2）藤田茂正（編）『橋岡忠重所蔵資料写 竹島漁業資料』（私製資料集）。

3）忌部正英（2015）「昭和初期における竹島漁業の実態―関係者への聞き取り調査を通じて」『第 3 期「竹島問題に関する調査研究」最終報告書』79 ～ 80 ページ。

アシカ猟をめぐる人びと

明治３０年代後半に竹島で本格化したアシカ猟。領土編入やアシカ猟の許認可を巡ってさまざまな出来事があった。

その流れを概観し、連載記事に登場する二人の人物をとりあげてみよう。
一人は、アシカ猟の権利を持っていた池田幸一である。もう一人は、明治時代に会社を立ち上げてアシカ猟の商業活動を行った中井養三郎のもとで、生涯を竹島のアシカ猟に捧げた中渡瀬仁助である。

まだ不明な点も残っているが、これまでに収集した資料を基に、その人物像に迫りたい。

池田幸一

連載記事に登場する池田宰領方は池田幸一のことで、竹島でのアシカ猟の権利を持っていた一人である（図 91.1）。

明治 38（1905）年に竹島でのアシカ猟が島根県の許可漁業となり、それまで実績のあった周吉郡西郷町大字西町（現：隠岐郡隠岐の島町西町）の中井養三郎・加藤重蔵、同郡中村大字港（現：隠岐郡隠岐の島町湊）の井口龍太、穏地郡五箇村大字久見（現：隠岐郡隠岐の島町久見）の橋岡友次郎の 4 名に許可された。中井養三郎は自分が代表となって竹島漁猟合資会社を設立し、ほかの 3 名も設立に加わった。

アシカ猟の権利を巡っては様々な動きがあったが、昭和 4（1929）年に中井養三郎の長男である中井養一が久見の八幡長四郎に権利を売却。これ以降は、アシカ漁業の権利は、久見の池田・橋岡・八幡の 3 家に引き継がれた。いずれも池田吉太郎を長男とする池田 4 兄弟の縁戚関係者であった（図 91.2）。

池田幸一は連載記事にあるように、竹島に出向きアシカ猟監督として活躍した。

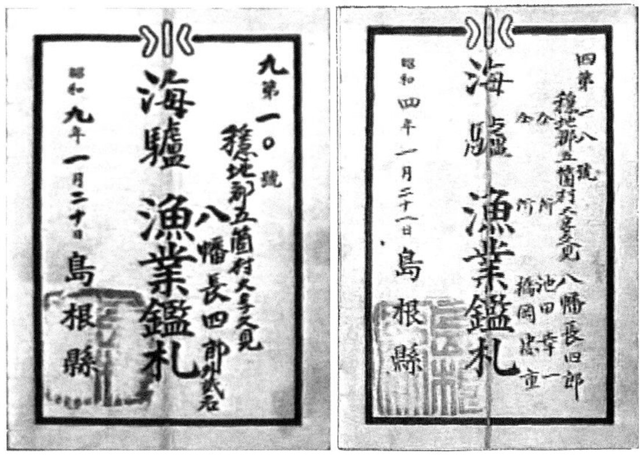

図 91.1 島根県が発行したアシカ漁業鑑札
右：昭和 4 年の発行。池田幸一の名前が見える。
左：昭和 9 年の発行。八幡長四郎外 2 名となっており池田幸一も含まれる。

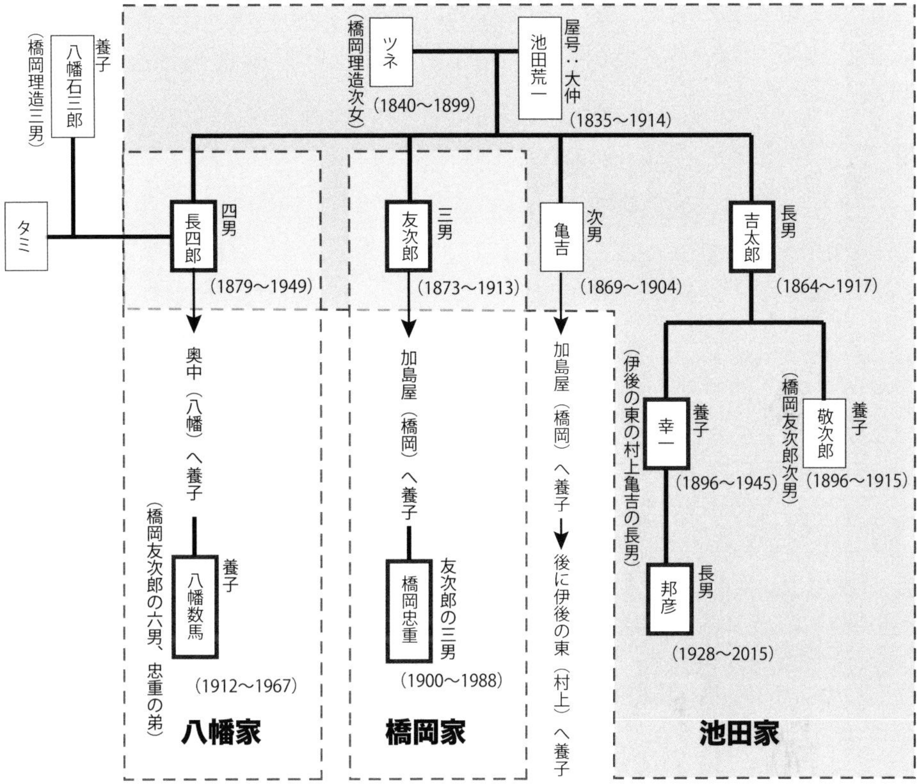

図 91.2 隠岐の島町久見におけるアシカ漁業許可者の系譜
久見竹島歴史館の展示パネルを一部改変。

中渡瀬仁助

中渡瀬仁助は竹島のアシカ猟に長年従事し、アシカの習性や竹島の地形を最もよく把握していた人物である。

中渡瀬は 1881（明治 14）年 2 月 12 日に鹿児島県川辺郡知覧村大字南別府（現：鹿児島県南九州市知覧町南別府）に生まれた。そこには中渡瀬という字名のついた集落があり、中渡瀬簡易郵便局などの施設をはじめ、中渡瀬姓が多い。

詳細な経緯は分からないが、中渡瀬は隠岐島に移住し、竹島の領土編入の前年の 1904（明治 37）年から竹島のアシカ猟に参画した。

図 92.1 中井養三郎の晩年の写真
連載記事［10］に掲載の中井養三郎の写真。出所は不明。

1905（明治 38）年には中井養三郎（図 92.1）が中心となって設立した竹島漁猟合資会社の社員となり、竹島のアシカ猟に本格的に従事した。この会社は隠岐島・島後の西郷町（現在：隠岐の島町）にあったが、当時中渡瀬は隠岐島・島前の浦郷村字本郷（現：西ノ島町浦郷）に住んでいた。浦郷の女性と暮らしていたようだが、その後に結婚して西郷に移っている。

浦郷に住んでいた若い頃の自筆の手紙が残っている（図 92.2、93）。これは会社から浦郷村近辺でアシカの捕獲ができないかとの問い合わせに対する返信である。この背景には次のような事情があった。

東京勧業博覧会（明治 40 年 3 月 20 日～7 月 31 日）の開催に合わせて、その隣地に私設の教育水族館が創設されることになった。その設立者の一人である安東定治郎は、1907 年 2 月に隠岐島司東文輔にアシカなどの捕獲を要請した。島庁はアシカ猟で実績のある竹島漁猟合資会社の中井養三郎に委託し、中井は社員の中渡瀬に相談した。

中渡瀬がアシカを捕獲しようと考えた洞窟の場所は明らかではないが、手紙には高崎や三度《みたべ》（いずれも現在の西ノ島町にある）のアシカのことが記されていて貴重な資料だ。ちなみに三度では、明治～大正時代にかけて近くの矢走《やばせ》26 穴という洞窟でアシカ猟が行われたことが知られている。

教育水族館からの依頼に対し、3 月初旬には 2 頭のアシカが準備でき、境港から敦賀港を経て東京に搬送され、教育水族館で展示された。

アシカの捕獲場所は明らかではないが、竹島ではなく島前で捕獲されたものと思われる。

中井養三郎の甥に中井金三（1883 ～ 1969）がいた。金三は 1905 年に東京美術学校西洋画科（現在の東京藝術大学）に入学し、卒業制作でアシカ猟の絵を描くため 1909（明治 42）年 6 月に竹島に渡った。その時、竹島には 7 人の猟師がいたが、中渡瀬は猟師の頭領であったという[1)]。

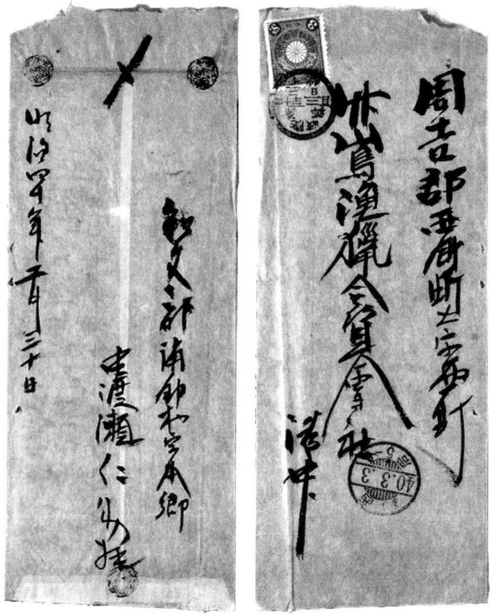

図 92.2 中渡瀬仁助が竹島漁猟合資会社に宛てた手紙の封筒
『竹島貸下・海驢漁業書類』（島根県公文書センター所蔵）
図 93（右ページ上段）同上手紙

【封筒表】
周吉郡西郷町大字西町
竹島漁猟合資会社御中
消印：四十年三月三日 隠岐浦郷
到着印：四十年三月三日 西郷
【封筒裏】
知夫郡浦郷村字本郷
中渡瀬仁助拝
明治四十年二月三十日

【参考文献】
1)「回想 中井金三」刊行会（1971）『回想 中井金三』。

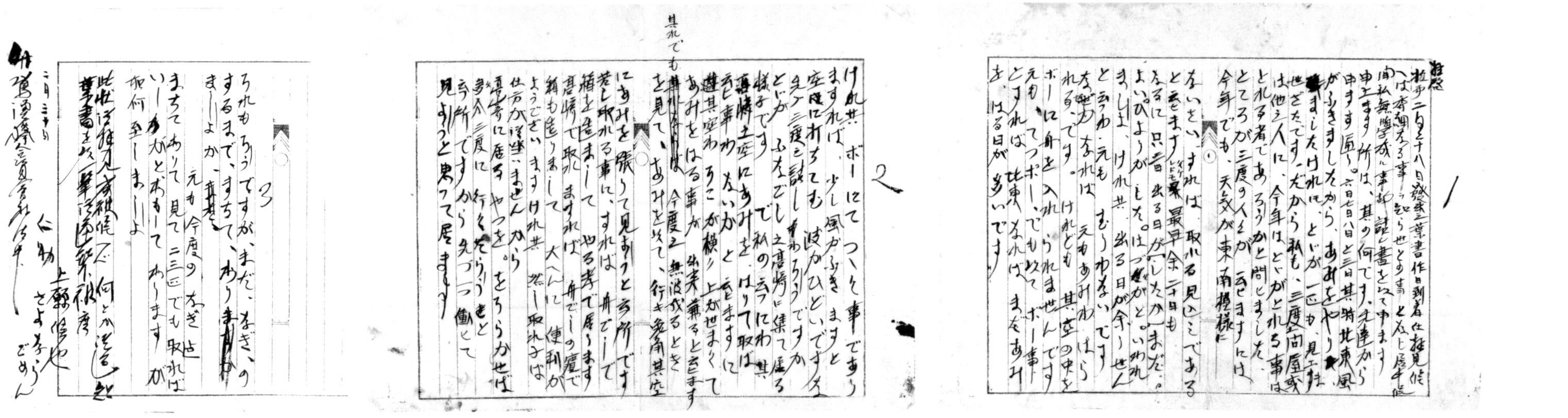

手紙の意訳

拝啓

さて、二月二十八日発出の葉書が昨日到着しました。詳細を知らせよとのことですが、私は無学ですので話し言葉で書かせていただきます。

（当地の）先達から言われたように、六、七、八日の三日間、北東の風が吹きましたので網をやりましたが、アシカは一頭も捕れませんでした。

だから私は、三度《みたべ》の問屋やほかの人に、今年はアシカが捕れないのかと尋ねました。三度の人々は、今年でも、風が東南になりさえすれば、捕れる見込みがあると言います。

（アシカの捕獲の依頼を受けて）もはや二十日余りにもなりましたが、たった三日しか猟に出ることができませんでした。良い日和だったはずと言われるでしょうが、出ることができる日があまりありませんでした。網は張れますが、その洞窟の中に棒でつつく舟が入れなかったからです。

もっとも、棒で追い出すかわりに鉄砲を用いるとすれば、北東の風であれば網が張れる日は多いです。しかし、（鉄砲ではなく）棒でつついて、（生け捕りに）しますので、少しでも風が吹きますと洞窟に打ち込む波が高くて舟が入れません。

まず、三度に話をしてみるのはどうでしょうか。

アシカが船越の高崎に集まっているようです。私は高崎の洞窟に網を張って捕ったらいいのではと言いましたら、その洞窟は底が広く上が狭いので網を張ることができないと言われました。それでも今度、波のないときに網を持って行き、その洞窟に網を張ってみようと思います。

もし、捕れるようなら、船越で箱を作ろうと考えています。高崎で捕れると、船越の浜で箱も作れて大変便利です。捕れなければ仕方がありませんが、高崎にいるアシカを驚かせれば多分三度に行くだろうと言っていますので、一つやってみようかと思っています。

それとも、もう少しなぎになるまで、待ってみましょうか。今度のなぎまで待ってみて、二、三頭でも捕ればいいかなと思っていますが、いかが致しましょうか。

この手紙をご覧になりましたら、お葉書で一筆お知らせくださいますようにお願いいたします。

さようならごめん

二月三十日　　仁助

竹島漁猟合資会社御中

大正年間の初め頃には、中渡瀬は農商務省に雇われて、千島の知理保以《チリポイ》島、武魯頓《ブロトン》島、得撫《ウルップ》島、占守《シュムシュ》島方面で数年間アシカ狩に従事したという。このアシカはトドのことを指しており、竹島に生息していたニホンアシカとは別種の海獣である。その後、隠岐に戻り、1941（昭和16）年まで竹島のアシカ猟に従事した。

明治時代には竹島のアシカは大量に捕獲された。皮と油が採取され、肉は乾燥させて肥料に使われたりした。

昭和時代に入ると動物園やサーカスからの需要が高まり、生け捕りがアシカ猟の主流になった。このような状況の中で、中渡瀬は大阪朝日新聞の竹島取材に協力し、その記念として『中渡瀬アルバム』が贈呈されたわけである。

1952（昭和27）年に韓国が李承晩ライン宣言により竹島領有を主張すると、過去に行われていたアシカ猟が注目を浴びた。1953（昭和28）年7月10日には、島根県東京事務所の速水保孝が中渡瀬宅にて聞き取り調査を行い、その際に「写真帳を借りた」とされる。また、同年10月18日には、竹島巡視から隠岐に戻った外務省の川上健三らが中渡瀬宅を訪れ、アシカ猟の様子を聴取している。

【中渡瀬仁助頭領が竹島を語る】

連載記事以外の中渡瀬の証言を集めてみた。中渡瀬の年齢や初めて竹島に渡った年については正確でない記事もあるので注意が必要だ。

［リヤンコ島の生き字引］

（昭和16年7月11日大阪毎日新聞島根版より）

アシカ生け捕りの荒くれ男どもから“リヤンコの生き字引”といわれる中渡瀬仁助翁は今年でちょうど60歳。それでもまだ矍鑠《かくしゃく》としてアシカ網を手繰る力は年は寄っても巧者である。明治38年23歳の青年で初めてリヤンコでアシカと戦っている最中、耳をつんざく日本海海戦の砲声をつい目と鼻の所で聞いて、おったまげたと言うのだから、リヤンコ生活はまさに40年に近い。（中略）その頃には万に近いアシカが島の周囲至る所に群れすんでいたが、だんだん減ってきて、今年などは100頭に満たぬという。乱獲のせいもあるが、昔の孤島に文明の波が押し寄せ、孤島が孤島でなくなった。朝鮮あたりから盛んに漁船が出漁してきて荒らし回るので、リヤンコは必ずしも安全なアシカの住居ではなくなった。やがてはリヤンコにアシカのおらぬ時代が来るかもしれぬ―と仁助翁さんはリヤンコ神聖を冒す文明の利器を怨んで言う。

［アシカ狩りの思い出］

（昭和28年6月22日　朝日新聞中国版より）

明治38年最初の銃声を竹島に響かせてから昭和16年まで「竹島の主」とうたわれた名射手、隠岐西郷町中渡瀬仁助老人（70）は、アシカ狩りの思い出を次の通り語った。

アシカは子持ちだけが島に上るが、子なしは夜だけ上陸する。その時分は足の踏み場もないほど群っていた。初めごろは1年に3000頭ほど捕った。乳を飲ませているところを狙って、村田銃でズドンとやる。皮をはいで油を採り、肉は釜でゆで干し肥料にした。その後、繁殖のためムチャ捕りをやめ雌は残すようにした。昭和5年ごろから網で生け捕りを始めたが、1年に5、60頭くらいしか捕れなかった。

生け捕りにしたアシカは動物園やサーカスなどに飛ぶように売れ、外国などへもどんどん輸出した。明治40年ごろだった。伊勢の海女がアワビ採りに来て、連日アワビの山を築いたが、海中にもぐっている時、アシカに足をかまれて死んだ。アシカは子を育てる時分は殺気立っているから海に入ったら危険だ。早く竹島出漁を再開してほしいものだ。

［中渡瀬仁助（73）口述書］

（『竹島漁業の変遷』昭和28年より）

昭和28年7月10日

隠岐島西郷町西町中渡瀬宅において

一　私は明治38年6月、中井養三郎氏と行を伴にして以来、昭和16年に至るまで、竹島出猟には同行した。中井氏にしても、八幡、橋岡にしても、自らは出猟することはまれであった。私としては、中井養一氏が権利を失うときに中止しようと思ったが、橋岡のたっての頼みに、16年まで出猟した。

一　明治36年頃は、磯村の一隊、中井氏の一隊、加藤重蔵の一隊、井口龍太の一隊、五箇村久見の一隊の五隊が競争して、竹島のアシカ漁業に従事しており、お互いに妨害し合ってよくアシカを捕ることができなかった。

一　中井氏が権利を正式にとって以来、私は、中井氏の代理者として渡航した。橋岡の場合も、私が代理者であった。

橋岡忠重のごときはわずか二度自ら出猟し、傍観していたにすぎない。

一　最初は帆船で渡航したが、そのうち、中井氏が日本で二番目に発動機船を用意したのでそれで行った。

一　竹島のアシカは沿海州系のもので千島のと全然違う。

註　中渡瀬氏はアシカ狩の（銃撃の）名人といわれる人だが、老人で記憶不確実。ただし同氏より写真帳を借りた。朝日新聞は昭和９年同島をニュース映画に撮っているはずである。

[50 年前のアシカ狩 西郷町の中渡瀬さん語る]

（昭和 28 年 10 月 20 日山陰新報より）

竹島に派遣された外務省川上事務官は帰途隠岐西郷町に立寄り 18 日県漁政課沢主事、隠岐支庁村上総務課長らと明治時代アシカ狩に従事した同町西郷町指向中渡瀬仁助さん（73）宅を訪れ当時の模様を聞いた。中渡瀬さんは懐かしそうに 50 年前を次の通り語った。

私が竹島にアシカ狩に行ったのは明治 38 年、当時アシカ狩は隠岐島を足場に出猟したもので、飲料水はこちらからも持って行き、また島の出水をオケで受け補給した。航海は風向きのよい日、夕方 3、4 時ごろ帆船で出発すると翌朝は竹島に着き今の変な発動機船よりも速い位なので竹島に行くことを簡単に考えていたものです。アシカは今のように生捕りせず猟銃で射止め、肉は肥料、脂肪は精製して油にし、皮は塩づけにして持ち帰った。しかしアシカをたやさないようアシカが子を生んでしまうまでは決して射殺しませんでした。

竹島漁猟合資会社の代表社員を務めた中井養三郎（図 92.1）は、1934（昭和 9）年 4 月 26 日自宅で病気により逝去した。同年 6 月の大阪朝日新聞による竹島取材のひと月余り前のことであった。

一方、中渡瀬は、竹島問題が注目を浴びるようになった昭和 28 年に聞き取り調査や取材を受けたが、翌年昭和 29 年 1 月 4 日に逝去。子の嫁の中渡瀬ナツが建てた中渡瀬家先祖代々之墓に眠っている（図 95）。

図 95　中渡瀬仁助の眠る墓

あ と が き

これまで約 30 年間にわたり、著者の二人は『中渡瀬アルバム』を大切に保管し、研究してきました。

「はじめに」でも述べたように、このアルバムの写真は国内外に拡散していきましたが、その中には誤った解釈とともにネット・新聞・論文・展示などで紹介されているものがあり、大変残念に思います。

韓国ではアルバムのアシカ猟の写真が、「独島に生息していたアシカは、日本人の乱獲によって絶滅してしまった」との説明とともに 2014 年 3 月に初版発行された検定教科書『高校 韓国史』に掲載されました。

確かに明治期の大量捕獲によって竹島のニホンアシカの個体数が減少したことは否めません。しかし、かつて竹島以外でも広範囲にわたって日本・韓国の沿岸に生息していたニホンアシカの消滅要因を、単に竹島のアシカ猟だけに求めることはできないことは明らかです。さらに、韓国による竹島の不法占拠後にも竹島でアシカの姿が見られ、捕獲して食べたという韓国側の記録も残っています。

今回、1934 年の新聞連載記事と『中渡瀬アルバム』の写真情報を基にして、当時のアシカ猟の実態や竹島の様子に迫ってみました。竹島におけるアシカ猟の実態をかなり解明できたと考えています。

岩礁や人物の特定には誤っているところがあるかもしれませんが、今後の新資料の発見や後進の研究に委ねたいと思います。公益財団法人・日本国際問題研究所をはじめ、ご支援・ご協力頂いた皆さまに厚く御礼申し上げます。

最後に、詳細な竹島の記事を執筆された松浦直治記者、素晴らしい写真を残された長谷川義一写真部員に感謝するとともに、竹島のアシカ猟とともに人生を歩んだ中渡瀬仁助頭領と竹島のニホンアシカに思いをはせたいと思います。合掌。

井上貴央　識

井上 貴央（いのうえ たかお）
鳥取大学名誉教授。
1952年島根県松江市生まれ。鳥取大学医学部医学科卒業。医学博士。元同大学教授。
著書・訳書にペーパークラフト・ブック『ボーニー』、『鳥取発！青谷の遺跡の骨物語』、『カラー人体解剖学』、『生命ふしぎ図鑑　脳のしくみ―4億年の歴史を探る―』など。

佐藤 仁志（さとう ひとし）
島根大学非常勤講師。
1950年島根県出雲市生まれ。東京農業大学造園学科卒業。樹木医、技術士（環境部門）。
元島根県職員、島根県立三瓶自然館指導課長、元公益財団法人日本野鳥の会理事長。
著書に『松江城山の生きものたち』、『ふるさとの野鳥に親しもう』など。

日本海・竹島のアシカ猟
-1934（昭和９）年の取材記録と『中渡瀬アルバム』-

令和７年３月14日　第１刷発行
令和７年４月25日　第２刷発行

著　者　井上 貴央　佐藤 仁志
発行者　赤堀 正卓
発行所　株式会社 産経新聞出版
〒100-8077 東京都千代田区大手町1-7-2　産経新聞社8階
電話03-3242-9930　FAX 03-3243-0573
印刷・製本　中央精版印刷株式会社

ISBN　978-4-86306-189-7　C0039

補遺

本書を上梓するにあたり、大阪朝日新聞社によるアシカ猟取材に関する新聞記事を網羅したつもりであったが、入稿後に新たな記事が見つかったので、補遺として収載した。これは、竹島から隠岐島の西郷に到着した記事（八ページ）についで、西郷から松江に到着したときの記事である。

猟奇の孤島
鉤《はり》を下ろせばたちまち五十尾
奇談珍話に富むリヤンコウ島
近く母紙に紹介

怒り猛る荒海日本海の激浪に攻めさいなまれつつ、ポッツリと忘れたかのごとく浮かぶ無人島、リヤンコウ島に昭和のロビンソン・クルーソーの生活をつづけること二週間。海驢狩の壮挙を敢行した松浦、長谷川両本社特派員、寺内大阪動物園技手、中田忠一氏の一行は既報のごとく二十四日朝、海洋の珍奇な鳥獣をお土産に無事松江に帰ったが（注１）、この人跡未踏の孤島における海人四氏の二週間にわたっての原始生活史はやがて絶好の銷夏読本として本紙上を飾り、そこにはただ命がけの探検者のみが知り得た海のエピソードが猟奇と涼味をもって読者を魅了してゆくものがあり、わずかに数少ない漁夫のみが知る謎の孤島の全貌が特派員のものする麗筆によって読者の前にくりひろげられるものとみられ、また海の愛嬌もの海驢、うみねこは動物園の一躍人気者となってデビューするはずであるが、寺内、中田両氏は赫顔を輝かしながら元気にかたる。

周囲十四町位のと、七町位のとが二つあって他は約八十位の岩礁から成っていますが文字通り断崖絶壁、小さい島にわずか十畳敷位の平地があるのを利用してテントを張り、まる十二日間キャンプ生活をしました（注２）。海驢はすこぶるたくさんいますが、何分岩礁の上にいて容易に島にやってきませんので、まず十三頭を捕獲して直ちに中田さんが大阪まで持って帰られたのと、あとで三頭とったのみでした。うみねこは十九日の暴風雨で岩にぶつかって落ちているのを拾い、手当してやり生き返らせたものです（注３）。島の付近はすこぶる深海で、しかも澄み切っており、海水の色が凄いようです。魚はいくらでも釣れます。ちょっと竿を下したら五十尾位たちまちとれるありさまで、そりゃ実に愉快でしたよ。島の生活後二週間色々と面白いこともあります。奇談もウントありますが、それは松浦さんがいずれご紹介なさるでしょうからそれまで楽しみにしていて下さい。

＝写真は松江港桟橋における一行（注４）＝

島孤の奇猟
鉤を下ろせば
忽ち五十尾
奇談珍話に富むリヤンコウ島
近く母紙に紹介

昭和9年6月26日
大阪朝日新聞
（島根版）

（注１）西郷の出航は六月二十三日の夜で、隠岐汽船で松江に翌朝の二十四日に到着したことが分った。

竹島から隠岐に到着した翌日の二十三日には、隠岐島でオオミズナギドリや隠岐馬などの調査を行い、その夜に乗船したようだ。調査の内容は「隠岐の濤声」として連載されている（大阪朝日新聞昭和九年七月九、十、十一、十六日）。

この記事では竹島に出向いた松浦・長谷川・寺内・中田の四名が松江港に帰ってきたように書かれている。しかし、中田動物商は六月十二日に竹島を出発してアシカを大阪に運び、十五日には大阪市立動物園と阪神パークにアシカを納めている（二十ページ参照）。従って、四人揃って松江に帰ってきたわけではない。中田は、船の到着に合わせて居住地の神戸から松江まで三人を迎えに来たものと考えられる。

（注２）昭和九年六月二十四日付の新聞で「無人島の荒磯に命懸けの十日間」とあるのはおかしく、実際の滞在期間は六月十日から二十二日までの十三日間であることを指摘した（八ページ参照）。この記事では「二週間」とか「まる十二日」と書かれているが、最後の日はテントの撤収などで帰りの準備と考えると、「まる十二日間キャンプ生活をした」という表現は正しいと考えられる。

（注３）天気図を検討すると、暴風雨の到来は二十日である（六十八ページ参照）。

（注４）写真の人物は左から寺内獣医、長谷川写真部員、松浦記者、中田動物商である。

昭和九年六月十五日付の連載記事の予告記事（七ページ参照）では、松浦記者、長谷川写真部員、寺内獣医の顔写真が掲載されているが、帽子の形状は帰着後のこの写真とそっくりだ。従って、予告記事の写真は大阪を出発するときに撮影されたもので、この写真は同じ帽子をかぶって船から降りてきたときの写真と考えられる。